感恩的力量

[美] A.J. 雅各布斯 (A.J. Jacobs) ◎著

徐彬 倪筱筱 ◎译

中信出版集团 | 北京

图书在版编目（CIP）数据

感恩的力量 /（美）A.J. 雅各布斯著；徐彬，倪筱筱译 . -- 北京：中信出版社，2022.7

书名原文：Thanks A Thousand: A Gratitude Journey

ISBN 978-7-5217-4213-8

Ⅰ.①感… Ⅱ.① A…②徐…③倪… Ⅲ.①道德感－通俗读物 Ⅳ.① B842.6-49

中国版本图书馆 CIP 数据核字（2022）第 057375 号

Chinese Simplified Translation
Copyright © 2022 by CITIC PRESS CORPORATION
Thanks A Thousand：A Gratitude Journey
Original English Language Edition Copyright © 2018 by A.J. Jacobs
All Rights Reserved.
Published by arrangement with the original publisher, Simon & Schuster, Inc.
本书仅限中国大陆地区发行销售

感恩的力量
著者： ［美］A.J. 雅各布斯
译者： 徐彬　倪筱筱
出版发行：中信出版集团股份有限公司
（北京市朝阳区惠新东街甲 4 号富盛大厦 2 座　邮编　100029）

承印者：　北京盛通印刷股份有限公司

开本：787mm×1092mm 1/32　印张：5.75　字数：120 千字
版次：2022 年 7 月第 1 版　　　　印次：2022 年 7 月第 1 次印刷
京权图字：01-2019-6901　　　　　书号：ISBN 978-7-5217-4213-8
定价：49.00 元

版权所有·侵权必究
如有印刷、装订问题，本公司负责调换。
服务热线：400-600-8099
投稿邮箱：author@citicpub.com

献给

我的家人,以及世界上的每一个人

目录

序 言 / III

1 与咖啡师和咖啡品尝师的美丽邂逅 / 1

2 与咖啡杯制造商之间不得不说的故事 / 25

3 关于咖啡烘焙机的那点儿事 / 51

4 一场奇妙的水之旅 / 69

    5 那些为我们的安全保驾护航的人 / 85

    6 关于运输工具的那些你不知道的事 / 105

    7 说说一个你不知道的加工商 / 125

    8 那些可爱又可敬的农民 / 139

结 语 / 161

致 谢 / 167

序言

此刻是一个星期二的早晨,呈现在我眼前的,是人类历史上最令人叹为观止的成就之一。这桩伟业做工之精妙、使用范围之广,使人类的工程奇迹巴拿马运河都相形见绌。

我眼前的这个奇迹,是来自几十个国家的成千上万个人通力合作的结果。

它是千千万万智慧过人的艺术家、化学家、政治家、机械师和生物学家,默默无闻的矿工、包装工,甚至是走私犯和牧羊人智慧的结晶。

运输它,需要用到飞机、轮船、摩托车、小火车、托盘车,甚至还需要肩挑背扛。

它的制造涉及数百种材料——钢铁、木材、氮气、橡胶、硅、紫外线、炸药和蝙蝠粪便。

它给人们带来了无穷的快乐，但也造成了严重的贫困和压迫。

它的制作依赖人类古老的智慧和太空时代的先进技术，也需要冰冷的低温和灼人的高温，甚至还要借助于高山和深谷河流。

它，就是我早晨享用的一杯香浓的咖啡。

我对它心怀感激，的的确确感激至极。

我并非总是如此"多愁善感"，多数情况下我更倾向于把眼前所有的事物都视作理所应当。长这么大，大部分时候我都没怎么注意过眼前的咖啡，除非它溅到我的夹克上或者烫了我的上颌。但最近几个月，我开始学着正视眼前的咖啡。今年早些时候，为了改变自己这种"漠不关心"的状态（暴躁易怒、心浮气躁），我给自己设定了一个看似十分简单的任务：我发誓要感谢每一个为我喝到咖啡做出贡献的人。于是我决定去感谢咖啡师，感谢种植咖啡豆的农民，以及将咖啡豆送到咖啡师手上这一过程中涉及的所有人。

结果我发现，我有千千万万个人要感谢，这些人住在不同的时区，属于不同的社会阶层。这一发现让我重新审视世间的一切，大到全球主义，小到一只海狸，从一个拥抱到印刷字体，再从一只灯泡到古罗马。这个发现影响了我的政治观、世界观，也影响了我的味觉。它使我感到欢欣与惊奇的同时，也让我觉得内疚与沮丧，当然还有一丝由咖啡因撩拨起来的激动与紧张。

▽ ▼ ▽

那么这一探索又是如何开始的呢？其实多年来，我一直推崇一个观点，那就是对事物要心怀感恩。我的这种情感并不是与生俱来的，相反，我生性暴躁，更像拉里·戴维，而不像汤姆·汉克斯。好在我读过很多关于感恩的书，深知心怀感恩是生活幸福的重要因素之一，甚至可能像西塞罗所说，感恩之心是人类道德的至高表现。

研究显示，心怀感恩百益无害：它可以缓解抑郁，促进睡眠，改善饮食，还可能助你加强锻炼。心脏病人若常怀感恩之心，可以恢复得更快。最近的一项研究表明，心怀感恩还会使我们对陌生人更加慷慨友善。

另一项发表在《科学美国人》杂志上的研究表明，心怀感恩是生活幸福美好、人际关系和谐融洽的决定因素，其重要性远远超过希望、爱和创造力等其他24个令人印象深刻的特性。正如本笃会修士戴维·施泰因德尔-拉斯特所言:"幸福并不会使人心生感恩,但一个心怀感恩的人必定会是幸福的。"

老实说,我很早就懂得感恩无价的道理。所以最近一段时间,我一直在不遗余力地向周遭的一切表达自己的感恩之情,并希望借此向我的孩子们灌输心怀感恩这一价值观。

于是,我会要求我的三个儿子在收到生日礼物时,必须亲手写一份在他们看来"老掉牙"的感谢信,尽管这个要求令他们百思莫解。

当我们外出时,我也会悄悄提醒他们,不要忘了感谢那个为我们提供服务的公交车司机。

我甚至还告诉他们,要感谢我们的家庭机器人亚历克莎,因为它每天尽职尽责地为我们报告天气。

"可是亚历克莎并没有人类的情感啊。"儿子贾斯珀说道。

"它确实没有情感,但表达谢意是一种有教养的表现。"我说。

有时吃饭之前,我会做一个感恩的祈祷。从某种程度上来说,我家不是一个特别崇尚宗教的家庭,我是一个不可知论者，甚至可以说是一个无神论者，因此我不会把眼前所得的一切归功于上帝。相反，我偶尔会在吃饭前感谢一些人，那些使我们盘中有餐、食以果腹的人。我通常会这样说："感谢种植胡萝卜的农民伯伯，感谢将胡萝卜送到格雷斯特德杂货店的卡车司机，还要感谢杂货店里给我打电话的收银员。正是他们，让我们获得了眼前的食物。"

"爸爸，你知道这些人听不到你的感谢，对吧？"一天晚上，儿子赞恩这样问我。

我告诉他我知道。"但是时时提醒自己，不要忘记别人对自己所做的贡献，总归是好的。"我这样对他说。

可是赞恩的话一直萦绕在我的脑海中，他说得对，那些人是听不到我的感谢的，我的"饭前致谢"确实有些流于形式。

于是接下来几天，我翻来覆去地思索这个问题，我在想是否应该将感谢表达得更加充分一些。如果我当面感谢那些帮我获得食物的人，将会是何情形？如果我一个一个地向他们当面致谢，将会如何？

我知道自己的这个想法在某种程度上有些荒谬，因为这将是一项工作量巨大的任务。它将会花费我大量的时间和精力，使我四处奔走，应接不暇。

但同时，这也将是一项使我获益匪浅的任务。一方面，对于这些为我盘中粮食做出贡献的人来说，我的感谢将使他们备受鼓舞；另一方面，我也可以通过这件事情向我的儿子们证明：关于感恩，我要做到一丝不苟，他们也应该这样做。

同时，做这件事情还会使我学着更加心平气和地面对生活。反过来，也会使我不再那么斤斤计较、烦躁易怒。因为我心里很清楚，我需要变得更加平心静气一些，不能一点就着。尽管我知道我很幸运——衣食无缺，从事着一份自己最喜欢的工作——但我仍终日闲愁万种。我会因为踩上我家狗狗的恐龙形咀嚼玩具而暴跳如雷，我还会时不时给 A. J. 发一封电子邮件，上来就跟他抱怨："亲爱的 A. J.，我很遗憾地告诉你……"我甚至会忽略每天成百上千件对的事情，而把注意力集中在三四件错误的小事儿上，一味吹毛求疵。我估计正常情况下，在我每天清醒着的几个小时里，有 50% 以上的时间，我要么面带愠色，要么火冒三丈，这实在是一种无比荒谬的生活方式。我可不想等自己上了天堂（如果真的有天堂），还在花时间抱怨天使们演奏竖琴的音量不合心意。

序言

我并非真的如此性如烈火,如果你相信进化心理学家的观点,你就应该知道,但凡人类,都会把注意力放在错误的事情上,这是由基因决定的,并非人力可改。比如在旧石器时代,这个由基因决定的人类的特性就对人类的存活与繁衍起到了极其重要的作用。多亏了这种特性,我们的老祖宗才能清楚地记得哪种蘑菇有毒,不能食用。

但是在现代社会,这种特性却使我们为负面情绪所困扰,惶惶不可终日。我们时常觉得生活中的麻烦层出不穷,危机接踵而至。其实,我们大多数人都有一种心理学家所说的"赤字"心态,而极少有人能怀着一种"盈余"心态生活。我们浪费时间和精力去追逐浮云,或焦灼于未拥有的东西,而忽略了自己已拥有的东西。

为了克服自己的这种"赤字"心态,同时也为了使自己的脾气不再那么暴躁易怒,我决定从精神上彻底改头换面。而要想成功,心怀感恩无疑是关键一招。于是我先给自己制定了一个目标,那就是改变我花费在不同事情上的时间:我所致力于的最终目标,就是将一天中的大半时间都用来感受感激的愉悦和平凡的幸福。或者换句话来说,至少不是动辄暴跳如雷。

我的第一个任务就是：选择自己要感谢的食物。我考虑过苹果、白葡萄酒还有蒙特利·杰克奶酪（儿子们还建议我考虑一下 S'mores，因为他们觉得，这样一来，这种甜点会在我们社区大卖）。

我也考虑过一些食品以外的东西，比如我赖以生存的笔，我的袜子，还有牙膏。而细细想来，充斥在我周边的一切为我每日生活带来便利的东西，实际上都需要成千上万人的辛勤付出，而我之前在享用工人们呕心沥血的劳动成果时却心安理得。

最后，我想到了一个东西，它在我的生活中扮演着不可或缺的角色，它就是咖啡。这个选择在我看来无比正确，主要出于以下两个原因。首先，我很喜欢我们当地的咖啡馆做的咖啡，我早上经常会去买一杯不加牛奶的咖啡带走。其实，我对咖啡并非有着十分狂热的喜爱，我的味觉也不甚挑剔，但是我喜欢咖啡苦涩的味道和它带给我的强烈的愉悦感——咖啡可以说是我最喜欢的麻醉剂，而且还是一种唾手可得的麻醉剂。

其次，咖啡在当今世界有着举足轻重的作用。全世界的人每天要喝掉超过 20 亿杯咖啡，全球范围内从事咖啡行业的人约有 1.25 亿。另外，咖啡不仅受众广泛，它与政治、经济和历史也有着千丝万缕的联系，例如，闪烁着理性光辉的启蒙运动就诞生于欧洲的一家咖啡馆。几个世纪以来，咖啡于无形中促成了一桩又一桩国际贸易，对当今世界经济格局的形成可以说功不可没。

因此，我开启了一场伟大的感恩之旅，而感恩的对象，就是我刚刚赞不绝口的咖啡。无论前路如何曲折坎坷，我都决心坚定不移地走下去。下面，我便将我的探索之旅一五一十说给你听。对了，我还要真诚地感谢诸位读者，感谢你读完这篇序言。

1 与咖啡师和咖啡品尝师的美丽邂逅

▼
▽

感谢有你，使我能够喝到美味的咖啡

这场感恩之旅，我决定从它的目的地——我们当地的咖啡馆开始，然后一路追本溯源，一直追寻到咖啡的诞生地。我欲感谢的咖啡店，是一家名叫"乔咖啡"的小店，与我住的公寓只隔一个街区。尽管我家附近三个街区内有两家星巴克，但12年来，这家小店竟岿然不动，屹立至今。

星期四的早晨，我照例来到这家店，排队买咖啡的时候，我心里盘算着要说出我这场感恩之行的第一句"谢谢"。我强迫自己把智能手机收起来，将注意力放在周围的环境上。毕竟，一双善于发现美的眼睛是心怀感恩的关键。试想，如果你整日心不在焉，又怎会对周围的事物心怀感恩呢？

我仔细观察着周围的环境，店里的墙上挂着一张照片，照片里是一辆粉色的凯迪拉克，不知出于何种原因停在一座

塔的塔顶。店面虽小，却好生热闹，时常有妈妈们推着婴儿车走进来，顺手将狗狗拴在门外；咖啡机不时发出嘶嘶的声响；店里有盏靛蓝色的灯，被做成甜甜圈的形状悬挂在天花板上，看起来十分可爱，让我一时舍不得转开视线。

终于轮到我了，我站在柜台前，招待我的是一个二十多岁头扎马尾的女咖啡师。她将做好的咖啡递给我——一小杯黑咖啡，加料和往常一样。

"谢谢你帮我做咖啡。"我说。

"不客气！"她笑着答道。

我的第一次致谢就这样落下了帷幕。感觉还不错，但并未使我产生荡魂摄魄的感觉。

我刷卡买单，三美元（当然，三美元对于一杯咖啡来说着实有些昂贵，但换个新奇点儿的角度想，较之我将从这杯咖啡身上学到的东西来说，这个价格简直物超所值）。

我端着咖啡站在那里，绞尽脑汁地想着，如何向咖啡师提出我的请求。我停顿了五秒钟，在这漫长如一个世纪的五秒钟里，我忐忑不安，甚至感觉毛骨悚然。终于，我瞥了一眼身后的队伍，灰溜溜地逃走了。

几天后，我终于鼓起勇气告诉咖啡师我的感恩计划，我问她是否愿意和我分享一下做咖啡的过程。闻言,她十分高兴,并表示她很愿意下班以后和我好好聊一聊。

我们坐在乔咖啡的一张小桌子旁,我又一次对这位咖啡师表示了感谢:"再次感谢你给我做咖啡。"

"谢谢你感谢我。"她回答说。

我考虑着要不要谢谢她感谢我感谢她,但我还是决定结束我们两个之间的相互感谢,以免陷入一个无限循环。

这位咖啡师告诉我她叫"忠",父母是从韩国移民过来的,她在南加州长大,随后搬到纽约上大学。

"所以……"我接着问道,"嗯……当咖啡师是一种什么感觉?"

"做咖啡师并不是看起来那么简单,"忠回答说,"因为你经常会同一些处于非常危险的状态的人,即那些咖啡瘾发作的人打交道。"

"你碰到过脾气暴躁的顾客吗?"我问道。

"确实见过一些。"

忠告诉我,有些顾客从不和她进行眼神接触,他们下单的态度十分恶劣,他们嚷嚷着和她说话,刷卡时也是头也不抬地将卡甩到她眼前,从始至终眼睛都没有离开过他们的手机屏幕。

有些顾客甚至会对她破口大骂，说她把订单弄混了，忠为此委屈得直哭（她发誓自己绝对没有弄错订单）。还有一次，忠被一个九岁的小女孩咬了一口，因为那个小淘气鬼不喜欢忠在她的热可可上加的创意奶泡拉花。忠在那个女孩的热可可上做了一个泰迪熊拉花，可那个女孩不喜欢，她想要一个心形拉花。"我真的很想告诉那个女孩，她确实需要一颗心，一颗真正的善良之心。"

尽管在工作中屡次受挫，可是忠还是觉得脾气暴躁的顾客是少数，多数人都很友好，尤其是忠对他们笑脸相迎的时候。确实，忠的工作态度十分友好。

忠面对顾客时总是面带微笑，而且她很喜欢与人拥抱。她就像一个晨间节目的主持人，总是给人一种热情洋溢、活力四射的感觉，但这种感觉却绝对不是装出来或是被迫表现出来的。比如在我们半个多小时的谈话中，她至少起身与人拥抱了五次，拥抱的对象是她的主顾或者以前的同事。

"我第一次意识到自己擅长从事服务行业，是在教堂做引座员的时候，"忠告诉我，"我感觉从事这类行业需要某些特殊的个性。"

就像在教堂一样，忠在乔咖啡工作的时候，也会注意观察人们的情绪变化，比如当顾客拿到咖啡的时候，他们会立刻眉开眼笑。"我认为我的工作不仅是为顾客制作咖啡，还要为顾客带来欢乐。"

我问她是否打算长期当咖啡师，

忠摇了摇头说："其实，下周我就辞职。"

忠打算搬回加州去照顾父母，另外，由于身体原因，熬夜上班已经使她吃不消了。

"我给你看张照片你就明白了。"忠对我说道。

忠拿出智能手机，翻出一张照片给我看。照片上的画面触目惊心，那是她的左脚，鲜血淋漓，一片瘀斑，上面还扎着十几根钢针。

"一年半前，我出了一场车祸，"忠说道，"车祸中我的脚趾、脚跟和脚踝都受了重伤，脚上的皮肤也搓掉了。"

"天呀！"

"嗯，真的挺严重的。"

忠告诉我说，一想到以后再也见不到店里的老顾客她就伤心不已。接着，她又聊起了南希和约翰，这两个人每天店一开门就会来。"我常问候他们'今天过得怎么样啊'，约翰就会回说,'一见到你就多云转晴了'。"

忠还说她也会想念自己朝夕相处的同事,那些总是默默支持她的可爱的同事。

但是她绝对不会想念那种被人无视的感觉。"我感到最伤心的时刻,是当顾客把我们只当作机器而非人类看待的时候,"忠说,"他们看我们的眼神,好像我们只是给他们做咖啡的机器,更有甚者,连看都不看我们一眼。"

我最后向忠表示了感谢,忠回报给我一个大大的拥抱(据我估计,这应该是她今天的第 11 个拥抱。)

回家路上,我暗下决心,虽然我可能再也不会跟别的咖啡师拥抱了,但是我一定要正眼看待他们,因为我知道,以前的我就是忠所说的那种混账货,那种头也不抬地把卡甩到咖啡师眼前的无礼之徒。我不确定自己有没有对忠做过这样的事情,但是我知道我对很多人做过这种事情,如服务员、送货员、酒馆收银员等。我曾无礼地对待他们,好像他们只是一架自动售货机一样。甚至有时外出办事的时候,我还会特意戴一副降噪耳机,因为这种打扮可以让我看上去更加难以亲近,贴着"生人勿扰"的标签。

这种冷漠的态度是阻止我们对周围的事物心怀感恩的

最大敌人。就职于加州大学戴维斯分校的心理学教授罗伯特·艾蒙斯,被尊为"'感恩'研究之父"。艾蒙斯教授认为:"只有当我们意识到,别人为我们做了一些我们自己无法完成的事情时,我们才有可能过上一种心怀感恩的生活。感恩源于信息处理的两个阶段——识别阶段和认识阶段。我们通过识别阶段确认善意举动,同时赞扬那些行善举的人。在认识阶段,我们认识到善意源于我们自身之外,感恩之情由此而生。"

于是我决定,从现在开始,每当我与从事服务行业的人交流时,我将会尽己所能来认识并肯定他们。我会时刻牢记将他们当作一个活生生的平等的人对待——至少在机器人取代所有服务性工作之前我都应该这样做。同时,我还会将一件事情铭记于心,那就是他们也有自己的家庭,也有自己喜欢的电影,他们也会有令自己尴尬的年少记忆,也会有伤病疼痛,所以我们应当尊重他们。

▽ ▼ ▽

忠负责给我制作咖啡,可用的是哪种咖啡豆,又是谁来负责挑选的呢？还有，是谁负责从全球成千上万种调料中选出我每日要加的调料呢？这些问题驱使我往咖啡生产链的更前面一环探索，于是我找到了一个名叫艾德·考夫曼的人，他是乔咖啡连锁公司的采购主管，该公司目前在纽约和费城有19家分店。

艾德同意在位于切尔西的公司总部见我。见面后，他把我领进一个房间，里面摆着一张圆桌。

"谢谢你为我今天早上喝的那杯咖啡所做的贡献。"我努力使自己直视着他的眼睛，说道。我告诉艾德，我今天早上在我家附近的乔咖啡买了一杯咖啡，正好在来的路上喝完了。

"咖啡还符合您的口味吧？"

"我很喜欢。"

"请问您对这杯咖啡的哪些方面感到满意呢？"

"嗯，它可以帮我摆脱晨起的困意，使我精神振奋。而且咖啡的味道很不错，不过，怎么说呢，更苦一些？抱歉，我的味觉并不是很敏锐。"

"我们会努力提升咖啡的口感的。"艾德说道。

1 与咖啡师和咖啡品尝师的美丽邂逅

艾德长得有点像年轻时的埃尔维斯·科斯特洛[①]，也戴着一副眼镜。他生长于蒙大拿州，他的父母在一处滑雪胜地经营一家餐馆。就是在那家餐馆里，艾德第一次对咖啡萌生了热爱。"小时候，我经常和朋友一起喝咖啡，滑雪。"艾德回忆道。

如今在纽约，他没办法滑雪了，但是艾德告诉我他还是很享受那种寒风凛冽的感觉。

艾德很喜欢冰浴，因为这会使他精神抖擞。1月，每个零下8摄氏度、寒风凛冽的清晨，他都会光着上身骑自行车去上班，借此来摆脱困意。"不过，现在我会穿一件T恤，"艾德说，"'赤膊上阵'实在太引人注目了。"

但是艾德最爱的还是咖啡，可以说是深深地沦陷其中，他已经被咖啡迷得七荤八素、无法自拔了。举个例子来说，他曾经在蜜月期间花了五天的时间在马萨诸塞州参加了一个咖啡品鉴班。节假日期间，艾德常常会去咖啡馆"点几杯浓缩咖啡把自己喝醉"。如果你要和他细细讨论某种咖啡，他定会像某些人说起自己多年未见的女朋友一样，滔滔不绝又

---

① 1954年生，英国男歌手。

如数家珍。"那是一杯有灵魂的咖啡。"他这样形容自己在厄瓜多尔喝的一杯咖啡。他时常搜肠刮肚寻摸一些十分巧妙的比喻来形容咖啡,那样子有点像一个滑稽的酒侍。"有一种咖啡,我称它为旺卡咖啡,因为它尝起来就像一颗永远吃不完的硬糖,韵味悠长,回味无穷,味道一波接一波席卷而来,使你深深沉醉其中。"

我和艾德不过聊了短短几分钟,但我已经被他对这种棕色液体深沉的热爱感动。我虽然无法完全体察不同咖啡豆之间微妙的差别,但是在某种程度上,我深深感受到艾德在挑选他心目中最理想的咖啡豆时的智慧和用心,这已经使我获益匪浅。其实从某种程度上来说,正是因为艾德对咖啡考虑得如此细致入微,我才从来没有认真注意过我喝的咖啡。这也是感恩之情无法长久维持下去的关键,也是我为什么要付出这么多努力来寻求一颗感恩的心:当一件事情根本无须你动手,一切都为你安排妥当,对这个过程背后所耗费的努力,人们往往会视而不见。

桌子上有七个棕色的纸袋,每个上面都标有一个数字。品尝之前,艾德并不想知道每一杯咖啡来自哪里。他不希望自己先入为主,以产地论英雄。这些咖啡来自世界各地——哥伦比亚、加纳、多米尼加共和国,还有巴布亚新几内亚。

"好,"艾德说,"接下来请你这么做。"

艾德把汤匙伸进桌上其中一个盛满咖啡的白色杯子里搅拌了一下,然后啜了一口。这一口喝咖啡的声音大到有些滑稽,就像亚当·桑德勒[①]在一家高档法国餐厅喝汤时发出的巨响。

"喝咖啡前使其充分接触空气,可以使咖啡的香气充满口腔,"艾德解释说,"因为你的口腔两侧和上颌也遍布着味蕾。"

我也想啜一勺咖啡,但我发不出这么响的声音。如果说我发出的声音像短笛那样悠扬,那么艾德发出的声音可以说是像大号一般洪亮了。

艾德清了清嘴里的咖啡,然后把它吐到一个黑色的装嚼烟的痰盂里。

"味道怎么样?"艾德问我。

"味道不错,不过多少有点酸?"我猜测道。

---

① 美国演员,1966年生,曾主演《初恋50次》《冒牌老爸》等电影。

艾德点点头说道:"我尝到了些许柑橘的味道,不过里面也带有一丝蜂蜜的味道。"说完,他拿起一个笔记本,在上面写了几行字。

在我们品尝咖啡的过程中,如果艾德喜欢哪种咖啡,他可能就会在乔咖啡连锁店的菜单上加上一个他垂涎已久的咖啡豆采购地。这是一家现在还很小,但是在逐渐成长的连锁公司,它有着非常时髦的工作氛围,有许多留着胡子的咖啡师,还具有良好的社会意识——这家连锁店从农民手中收购咖啡豆的价钱要比市场价略高。它的推广理念便是透明营销,你经常可以在柜台上看到一个当天的特色农场的标志。

我问艾德能否将他写在笔记本上的文字给我看看,他便给我看了一部分。艾德随手记下的这些只言片语中,字里行间都透露着让人忍俊不禁的具体信息:格雷厄姆饼干,橘子,菠萝蛋糕。

艾德在笔记中将咖啡比喻为苹果有气息,但不是普通的苹果。品尝咖啡时他就会说:"这杯咖啡让我想起了粉红女士苹果,或者嘎啦苹果。"

"烤桃子和枫糖是我的心头好,"艾德告诉我,"如果哪天我的笔记中出现了这两样东西,那我肯定喝到了世界上最美味的咖啡。"

像艾德一样的咖啡品尝师都在致力于平衡这样几个变量：口感、酸度与果味之间的微妙平衡和咖啡的余韵。

"同时，你还要避免咖啡里掺上植物或者皮革的味道。"艾德告诉我说。

"你不喜欢皮革味吗？"我问。

"我只在周末时喜欢，"艾德笑着回答说，"开玩笑啦。"

像很多咖啡爱好者一样，艾德觉得星巴克的咖啡有点烘焙过度，从而导致口感太苦，无法让人品尝到里面的果香。"我只在实在买不到咖啡的情况下才会去星巴克。"艾德说。

艾德知道，并不是每个人都醉心于品尝咖啡中微妙的味道。艾德刚接触咖啡行业时，是从咖啡师做起的，那时他工作的咖啡店是一个比乔咖啡更地道的手工咖啡店。

"到店里来的顾客常常会说'给我来一杯咖啡'。我就会问他们：'好的，请问您想要什么样的咖啡？'然后他们就会说：'随便，是杯咖啡就行。'"

于是我逐渐理解了人们的这种思维模式，那就是有时人们只是想要一杯咖啡。

但是我却暗暗发誓，我以后一定要努力地品尝咖啡的口味，因为只有这样，才对得起这杯咖啡背后所承载的东西。想想世界各地成千上万个像艾德这样致力于将每杯咖啡都做到极致的人，可以想见他们在每杯咖啡里都倾注了大量的时间与精力。然而每天早晨，我却只知道牛饮，将其一饮而尽，却不会品味。

这个想法让我想起了我刚刚开始这个感恩计划时与别人进行的一段对话。当时我打电话给作家兼研究员斯科特·巴里·考夫曼（这个考夫曼和我们刚才提到的艾德·考夫曼并无半点关系），斯科特任教于宾夕法尼亚大学，教授一门关于积极心理学和感恩心理学的热门课程。我给他打电话其实是想了解一些关于感恩的科学的背景知识。

"感恩实际上与人们在某些时候的坚持不渝有很大联系。"斯科特告诉我，"同时，它又与正念和品味密不可分。感恩可以改变我们对时间的看法，使时间放慢脚步。它还可以使我们生活中的琐碎烦恼烟消云散，至少使我们暂时将其抛诸脑后。"

但关键是，如今社会，人人都为生活疲于奔命，一门心思地只想着接下来要做什么，而忘了欣赏眼前的风光，就像我一样。有时，我们真应该放缓脚步，好好看看我们追逐的到底是什么。我们要时不时地停下脚步,来场与鲜花的约会,细嗅生活中的真与美。我们也应时不时地停下追逐,来场与生活的派对,尝一尝饼干的滋味,闻一闻泥土的芬芳和熟悉的皮革味,品尝生活中最平凡的乐与味。

所以今天,和艾德一起品尝咖啡时,我便在练习心理学家常说的"在冥想中品味"。我试着让咖啡在我的唇齿间逗留 20 秒,这 20 秒听起来好像很短,但我实在不愿让艾德总是等我,于是我没有坚持这么久(而且,如果每一秒都用来细细品味,20 秒着实不短。毕竟多多并非益善,不嫌量少,贵在质精,不是吗)。

这几秒钟的时间里,我将自己的注意力集中在液体的黏度、酸度和苦涩度上……那是杏子的味道吗?尽管如此聚精会神,我仍然无法辨认出那些独特的味道,但是我似乎找到了抽丝剥茧、细细品味的方法。

▽ ▼ ▽

艾德与我一起将七杯咖啡依次取样,然后每份啜饮三次——分别在咖啡热度为热、温、微温时依次品尝。果然,不同温度下的咖啡有不同的口感。

最终，艾德表示这七杯咖啡中，并无品来十分惊艳的。他觉得个中佼佼者是那杯产于布隆迪的咖啡，按100分满分来算的话，他会给这杯咖啡打85分。

我们所做的事情并不是在浪费时间，因为你永远不会知道下一杯余韵无穷的咖啡产自哪里，所以艾德来者不拒，将送到他眼前的每一杯咖啡都细细品尝。"送咖啡来的人还经常附上一张纸条，比如'这杯咖啡来自多米尼加共和国，是用我外婆农场里种植的咖啡豆做的'。"数年前，艾德曾经收到过一杯咖啡，附着的纸条上写道："这杯咖啡经历过战火的洗礼，但是你绝对尝不出丝毫火药的味道。"艾德还告诉我，去年他本打算从巴布亚新几内亚运一船咖啡豆过来，但由于部落战争毁了咖啡豆的收成，只好作罢。

艾德每年都要进行一次环球旅行，就是为了能够见到世界各地的农民，从而与他们建立密切的贸易联系——农民们为他提供自己的咖啡样品，他则会选取心仪的咖啡并与种植户进行长期贸易。

"再过几周我就要去南美洲了，"艾德告诉我说，"你可以跟我一块来！"

艾德告诉我乔咖啡的原料——我每天都点的那种咖啡里用的咖啡豆——里面包含一种来自哥伦比亚的小农庄种植的豆子。他此行也会去拜访一下这个农庄,我可以随他一同去。

"真的吗?"

"当然,不过我们这一路可免不了舟车劳顿。我们中途需要换乘一次航班,还要驾车赶四小时的路。不过,我真心地邀请你与我同行。"

于是,正如各位所见,我要出发去另一个大洲了。

▽ ▼ ▽

品尝完毕,我和艾德一同去了他办公室附近的墨西哥卷饼店。

"想到你要把我写进你的书里,我总感觉有点奇怪,"我们坐定后,艾德说道,"因为我感觉通常情况下我更像一个背景人物,用来烘托主角,就像我在乐队中的位置一样——贝斯手。"

艾德那话的意思是,他在一支名叫"Erostratus"的乐队里演奏贝斯。这是一支另类摇滚乐队，唱的都是些关于肝肠寸断、借酒消愁的情歌……用艾德的话来说，"通常情况下是这样"。

"我喜欢做贝斯手，"艾德说，"每个人都想当主吉他手或者主唱，乐队也确实需要这样的人。但贝斯手也是这个乐队不可或缺的一分子，我虽是必不可少的，但我站在主唱的光环之后，只是一个背景。"

在我乘地铁回家的路上，我不禁又想起了艾德和他那虽不起眼但又不可或缺的贝斯。我想，这也是对我的感恩项目的一个很好的比喻。

在人类社会中，从来都是主唱集万千目光与宠爱于一身。其实不仅是在音乐领域，每一个领域——艺术、工程、运动甚至是食品——中站在舞台最前端的人总是最引人注目的。人们对名人的迷恋已经渗透到人类社会的方方面面，我们过分强调个人成就，殊不知，世界上任何一项事业的完成都是团队合作的结果。比如，脊髓灰质炎疫苗的发明，堪称人类的福音。根据心理学家亚当·格兰特的著作《付出与获取》一书我们得知，乔纳斯·索尔克因发明脊髓灰质炎疫苗名满天下，他不仅登上了《时代周刊》的封面，他的名字更是家喻户晓。

但事实真相却与人们看到的有所出入。索尔克曾是匹兹堡大学某科研团队的一员。团队中有六人对脊髓灰质炎疫苗的发明都做出了杰出贡献，还有三位科学家更是解决了在试管中培养脊髓灰质炎病毒这一核心难题，正是这一问题的解决使得脊髓灰质炎疫苗的发明成为可能。换句话说，在征服脊髓灰质炎病毒这场战役中，索尔克之所以能大获全胜，就是背后有许许多多默默奉献又不可或缺的"贝斯手"。而在索尔克享誉全球的时候，这些人却被忽视了，这让他们伤心不已。在1955年的一场关于脊髓灰质炎疫苗的新闻发布会上，索尔克对这些与他并肩作战的伙伴闭口不提，这种做法使他的伙伴心灰意冷地离开了发布会，有的甚至泪洒现场。

心理学家称这种背弃合作者的行为为"责任偏见"。这种行为一方面会对世界上成千上万个默默奉献的"贝斯手"造成不可磨灭的痛苦，使他们心生愤恨；另一方面，这还会造成十分恶劣的长期后果。由于过分强调个人成就，我们造就了大批这种名利双收的大明星，但是他们唯独没有时间进行团队合作。于是现在，我们开始迫切地希望世界上多一些默默奉献的贝斯手。这种不进行团队合作的现象比比皆是，也涉及很多领域，但我还是想再拿科学领域举一个例子。最典型的例子，就是某个追名逐利的科学家想要通过提出一个大胆的新假设而名声大噪，但他不想按部就班地重复那些看起来不够哗众取宠的科学实验来验证他结论的正确性，可对于科学研究来说，这些实验是不可或缺的重要一环。于是，这就导致所谓的"重复验证危机"。由此可见，我们目前的科学知识可能有相当一部分都是不准确的，就是因为我们缺少足够的"贝斯手"在实验室中默默无闻地重复做这些无聊却重要的幕后工作。

话虽如此，可我也不能免俗，我也可能存在"责任偏见"。本书的封面上印的是我的名字，但是本书的出版却依赖许多人的努力，只写我的名字这种做法实际上就扭曲了事实。更准确来说，本书封面上是应该印我的名字，但不应该只印我的名字。我们曾仔细讨论过这个问题，但是我的编辑米歇尔·昆特——出版界最好的"贝斯手"之一——认为，这样一来，封面就会变得让人眼花缭乱，主次难辨。所以我在本书里，又一次延续了"主唱现象"。

但至少，我能做到艾蒙斯所说的感恩的核心：发现并意识到自己未做的事情。所以感谢你,我的封面设计师;感谢你,市场营销员;感谢你,自由研究员;感谢你,印刷厂的工人;感谢你,锯木厂的工人……如大家所见,本书是我们一起创作的。

2 与咖啡杯制造商之间不得不说的故事

感谢有你，使咖啡没有洒在我的身上

距离我与艾德的会面已经过去一周，可今天这个早晨一点儿也不可爱。

我花了三分钟，试图将隐形眼镜塞到我的眼睛里，可我的眼睛似乎铁了心，拼命地眨，排斥它们，于是我度过了灰色的三分钟。

接着，我本想带上一个铝制水杯赶紧上路，偏偏我又花了两分钟才找到合适的杯盖。我有至少七个大小不同、形状各异的杯盖，可是我几乎试遍了所有的杯盖才找到合适的，不得不说这个即兴的智商测试我做得一塌糊涂。

随后，我走上地铁站台，正好发现我与要乘坐的列车完美地擦肩而过，于是我只能眼睁睁地看着这辆 C 型列车风驰电掣般驶进黑乎乎的隧道。

我知道以上所说的问题都是小事,毫无疑问,它们都具有典型的第一世界的特质。但是这些问题接踵而至,致使我的皮质醇水平在短时间内飙升。那天早上做的事情十之八九都不顺利,导致我当天一点就着的概率达到90%。

可既然我正在做一个感恩项目,我想我最好想想一些使我心生感激的事物,尽量使自己冷静下来。所以站在站台上等车的时候,我不断地提醒自己这一个事实:正如我发现我能喝到咖啡,是因为有千百件事情都在正轨上,而我现在能站在这里,也是千百件事情运行在正轨上的结果。

我没有在地铁站的楼梯上摔倒,摔断锁骨。

我住的那栋楼里的电梯,没有在我乘坐的时候突然失灵,掉到地下室里将我摔得粉身碎骨。

我的地铁卡里还有足够的钱,于是我经过闸机的时候才没被卡住,得以顺利通过。

使自己冷静下来的关键是提醒自己,我是一个幸运的浑蛋。我要不遗余力地对之前享用的心安理得的东西心怀感恩,要消除脑中根深蒂固的负面偏见。或许正是因为这些负面偏见,我们的始祖在那个弱肉强食的时代才得以生存繁衍,也是因为这些偏见,我终日愁眉苦脸、闷闷不乐。

是的，我今天早上是错过了一班列车，可那又怎样？在此之前的很多次，我不是也侥幸赶上列车了吗？有好几次，我刚踏上站台，列车就准备启动了，我飞奔到车门口，趁着车门关闭的最后一秒挤进列车。我至今还记得，当时自己脸上眉飞色舞、喜不自胜的表情。所以很明显，我并不是一个每次都与列车擦肩而过的倒霉蛋，我之所以会觉得自己倒霉透顶，不过是我为数不多的倒霉经历所产生的愤怒情绪在脑子里作威作福，使我忽略了那些幸运的时刻。这和我对待人们对我的评价的态度如出一辙，即使很多人都对我赞不绝口，而只有一个人对我冷嘲热讽，猜猜我会怎么样呢？我会对这一个人的负面评价耿耿于怀。

想要消除这种偏见需要一个十分积极的策略，这个策略需要我时刻提醒自己。如果下次我去药店排队时，这个队伍移动得很快，或者在机场时，我的登机口恰好与安检处紧挨着，使我不用步行走过一家家冻酸奶店，免于半英里的奔波之苦，这个时候，我发誓一定要真真切切地告诉自己：我是多么幸运。我甚至还要大声地说出来："真好，我排的这个队伍好短啊！"仿佛只有这样，我当下心中的感激之情才会穿过厚厚的、布满偏见的头骨，深深烙印在我的脑子里。

我现在已经成了某个心理游戏的忠实粉丝,我称这个游戏为"可能会更糟"。这个游戏其实是一个创意性的小练习,即我在心中默默告诉自己:这个地铁站里的指示标志看得人晕头转向,但好在是用英文标注的,不是拉脱维亚语。这个地铁站台的气氛令人心生抑郁,但至少没有弹着吉他唱《波希米亚狂想曲》的卖唱艺人。

我最近读了一篇描写诗人罗伯特·布莱的文章,文中写到布莱年少时有一次膝盖受伤了,膝盖上的皮都摔破了,但是他的母亲告诉他:"你应该感谢上天,你没有摔断腿。"当时,小布莱听了很生气,感觉在这样的时候从母亲嘴里还能说出这样的话简直不可思议。时隔多年,如今布莱才体会到,母亲当年看似不通情理的话中蕴含着智慧。

▽ ▼ ▽

折腾了好一会儿,我终于抵达今天的目的地——我临时租用的办公室(陋室虽小,但好在摆设齐全,有门自不必说,更重要的是有一台可以使用的空调)。我打开灯,把手中这杯乔咖啡放在桌子上,我突然意识到,如果我要感谢所有为我喝到咖啡做出贡献的人,那我也一定要感谢杯子制造商,因为我总不能从水龙头里直接喝咖啡吧。

但是要感谢杯子制造商也并非易事,因为杯子生产也涉及诸多材料,我决定从"头"开始,从杯盖下手。

杯盖

我从未认真注意过咖啡杯上白色的塑料杯盖,可当我研究杯盖的时候发现,这不是普通的盖子,它的设计十分时尚。它并不像多数咖啡杯一样是平顶设计,相反,它的顶部向里凹陷,看起来就像一个倒置的穹顶网格建筑,那创意像是从建筑奇才巴克敏斯特·富勒那里获得的灵感。而杯盖上的饮水孔设计更为考究:形似月牙,宛若天边的一轮弯月。

当我去谷歌上搜索杯盖上的名字"Viora"的时候,我发现我每天都在用一个明星杯盖喝咖啡。Viora 公司是杯子制造业的一家后起之秀,但发展蒸蒸日上,已经被刊登在诸多科技出版物上,其中包括大名鼎鼎的《连线》杂志和"小发明"(Gizmodo)网站,其在杯子制造业的地位相当于特斯拉在汽车制造领域的地位。

"我们不敢居功，我们的杯盖对咖啡口味的提升并无半点助益。"Viora 在官网上自谦道。

在联系 Viora 公司之前，我花了整整一个下午深入了解咖啡杯盖制造行业。我不知道自己是否能对这一领域洞悉无遗，但我确实学到了一些东西，比如我了解到，杯盖的分类方式取决于它打开的方式——捏下式、戳穿式、剥离式和抿嘴式；我还了解到关于杯盖的几十个古怪的专利，比如有能够根据咖啡的热度改变颜色的热变色智能杯盖；我也了解到咖啡杯盖上"按下此处"的标签的专利获得者是一个臭名昭著的亿万富翁，此人现已放弃美国国籍，住在加勒比海的避税天堂——伯利兹；最重要的是，我了解到咖啡杯盖制造业是一个十分庞大、前途无量的商业领域，并且咖啡杯盖每年的销售量已超过 10 亿。

简而言之，我发现，我心安理得地享受生活中一切我习以为常的东西，殊不知还有人在为这个最不起眼的小塑料盖殚精竭虑。

我给 Viora 杯盖的发明者道格·弗莱明发了一封电子邮件，此人是一名律师，就职于西雅图，是一个狂热的咖啡爱好者。次日，道格给我回了一个电话，我在电话中向他介绍了我的感恩计划。

"所以……我只是想跟您说一句'谢谢'。"我在电话里说道。

"听您这么说我很开心,"道格回答说,"杯盖这么不起眼,一般不会有人注意到它。"

在道格看来,人们对杯盖少有问津实在是太不应该了。杯盖在一杯咖啡中扮演了一个至关重要的角色,但它的作用却被严重低估了。

"咖啡并不是单纯地从农场到餐桌这样一个简单的过程,"道格告诉我,"从农场收购来的咖啡豆要经过多重包装才能最终送到您的眼前,供您享用。其实咖啡是一个特别精致的东西,稍有差池它就从咖啡变成猫尿了。我认为,一杯好的咖啡最终毁在一个差劲的杯盖上就太可惜了,所谓千里之堤溃于蚁穴,说的就是这个意思。"

道格表示,一个理想的杯盖,就是那种不会破坏饮用体验的杯盖。使用这种杯盖喝咖啡时,会使你产生一种正在用旧式陶瓷杯喝咖啡的感觉……就比如最好的避孕套,会使你产生完全没有用避孕套的真实触感(这个比喻是我想到的,道格先生在谈话中并未提过)。

但是，我想问的是，盖子真的会对咖啡本身产生影响吗？道格告诉我，盖子对咖啡产生的第一个较大影响就是对咖啡香气的影响。也正是这个问题，促使道格着手研究并改良咖啡杯盖。当时道格正与一位客户会面，随手喝了一口手边的咖啡，他突然发现隔着盖子，他丝毫闻不到咖啡的香气，就好像鼻子被堵住了一样。

于是道格开始随手设计起一种复杂的双室杯盖，道格发明的这种杯盖上有一个塑料的小玩意儿，会像喷泉一样把咖啡的香气喷进饮用者的鼻子。随后，道格又对这个杯盖进行改进，最终将它改进成一种较为简单的款式：在盖子中间开一个稍大点的孔，将杯盖加深，使其在收集咖啡香气的同时能容下我们的鼻子，从而使咖啡的香气更完全地飘到我们的鼻子里。

在他说话的时候，我拿起咖啡凑到鼻子旁，透过盖子使劲地嗅了一下。啊，果然是咖啡独有的苦涩味道。

咖啡杯盖导致的第二大问题就是飞溅。大部分杯盖都设计成向上喷射咖啡的形式，旨在将咖啡大口喷到我们嘴里，但这个设计不适合小口啜饮。"我们想设计一种新杯盖，使我们能更顺畅地喝到咖啡，就像用杯子喝咖啡一样方便。"

于是道格和他的伙伴一起，在咖啡杯盖上设计了一个便于啜饮的小孔，这个小孔被设计在杯盖的内唇，而且与多数杯盖相似，这个小孔并不与杯盖相平。"喝咖啡的时候，我们需将嘴巴放在正确的位置，然后放松心情尽情享用即可。平时喝咖啡时，我们通常要像吸吸管一样，噘起嘴巴用力吮吸，这种饮用方式表明你的鼻子没有尽情享受咖啡的香气。"

他停顿了一下，说道："希望我这样讲述不会让你心生反感。"

"恰恰相反。"我回答说。谈话一开始，我的心情确实不太舒畅，但和道格交流时我的嘴角一直挂着微笑，甚至时不时还会轻声一笑。因为我惊讶地发现，这个看似平凡的小物件中蕴含了无尽的智慧，这个发现令我赞叹不已，又心生欢喜。

道格告诉我，初次制造杯盖的过程真是历尽艰辛。没有人愿意帮他们制造这种形状古怪的带内唇的饮口，所有人都告诉他这种饮口是做不出来的。可是功夫不负有心人，最终，道格和他的伙伴找到了一家加拿大公司，这家公司经常帮别人生产一种塑料的覆盆子盒，它同意帮道格生产这种形状奇特的小口。

于是道格等人便从加拿大进口生产工具，然后将它们运到位于田纳西州的一家工厂。那家工厂专门负责将大量特殊的无味塑料颗粒熔化，再将熔化的塑料卷成薄片状，随后吸附到模子上冷却定型，最后将成型的杯盖脱模打包，装盒运送到像乔咖啡这样的咖啡店。

于是，这种杯盖就用在了我每日喝的咖啡上，这一流程衔接得可以说天衣无缝。道格告诉我他正在设计一种新的杯盖，这次创新可以说是革命性的。"这款杯盖若是成功了，就可以称得上是我工作生涯中的《蒙娜丽莎》了。"道格这样对我说。这个设计的秘密在于……好吧，我暂时还不能透露这个消息，毕竟杯盖制造业的竞争如此激烈。

但是有一件事我可以告诉你，那就是我以后再也不会对咖啡杯盖视而不见了。而且在接下来几天里，我开始试着欣赏生活中原本不起眼，但经过精雕细琢的工业杰作。我很感激设计师贴心地在台灯开关上设计了一个光滑的拇指凹槽，我也十分感激设计师将我的意大利面过滤器的网眼设计成令人眼前一亮的星星形状。你看，天才的想法真的无处不在。

2 与咖啡杯制造商之间不得不说的故事

商标

众所周知,杯盖是盖在纸杯上的。于是接下来,我便开始仔细端详这个杯子,杯子表面上了一层知更鸟蛋壳上的那种蓝色,饰有三个字母——JOE。

我很喜欢这个标志,它看起来简洁时尚。一个好商标对一家公司的正常业务运营举足轻重,我想我应该感谢一下乔咖啡的商标设计师。

我向乔咖啡的工作人员要来了设计师的电话号码,设计师名叫马克·约翰逊,住在丹佛。

"谢谢您!"我在给马克的电话中表达了自己的感谢。

"职责所在,"马克说,"您客气了。"

"请问您是如何得到设计乔咖啡商标这份工作的呢?"

马克的话令我大跌眼镜,他的回答比我想象的更不可思议,也更时髦。数年前,马克曾是一个由13人组成的"地下影院"乐队的一员,他们开着一辆改装过的校车,一年到头在全美巡演。马克在乐队中担任吉他手,同时他也负责设计乐队的多媒体幻灯片展。后来,乐队中的小号手去了乔咖啡上班,便推荐马克为乔咖啡重新设计商标。你瞧,乔咖啡的商标就这样诞生了。

"除了为咖啡店设计商标,您还为其他客户做过设计吗?"我问。

"我们最近重新包装了一个威士忌品牌,"马克回答说,"另外,我们还和几家大麻药房合作,并且已经进行多次商讨。"

"我感觉您已经找到灵感了。"

"没错,"马克笑着说,"干我们这一行的,所接的业务大都是将企业的经营理念或奇思妙想包装成品牌,推向市场,或者将品牌打造得更为大众所接受。"

当马克的公司"为你而造"得到乔咖啡有限公司伸来的橄榄枝时,马克立即带他的团队飞往纽约,亲身感受乔咖啡的氛围,寻找灵感。最终,马克发现乔咖啡的装修氛围旨在为顾客打造一种宾至如归的感觉,于是他果断决定将这种理念体现在公司的商标中。

于是，双方开始了一轮又一轮的商讨，分享观点，交流草图，其中不乏令人眼前一亮的好点子，但也有的不尽如人意。就像杯盖的设计一样，我对设计者们连最细微处也要做到极致的严谨态度心生敬畏。

关于商标上印刷字体的选择，马克他们就费了一番周折。他们想要选用装饰艺术字体，但常见的装饰艺术字体与商标风格显得格格不入。"这种字体色调冷淡、线条生硬且不好搭配。"马克说道。经过几天寻找，他们偶然找到了一种名叫 Nanami 的字体，这种字体"边角略微圆润"。闻此，我瞄了一眼杯子上印的字母 E，发现它的边角果然像打磨过一样，稍显圆润。

这项工作的另一个挑战，是乔咖啡的高管们希望商标中包含咖啡杯的形象，但是马克对这种想法表示怀疑。马克认为，包含咖啡杯的咖啡店商标比比皆是，这个想法可以说毫无新意。他一直希望设计出一个与之前商标风格迥异的新标志，因为之前的商标上就有一个 20 世纪 90 年代的大杯子。"那个杯子看起来，就像《老友记》里面瑞秋才会用的老古董。"马克说。

虽然不想把杯子设计在商标内，但马克和他的团队突然想到了一个绝妙的办法,那就是改变看待事物的角度。如果商标中的杯子图像是以鸟瞰的角度放在字母 O 中间会是什么样呢?

其实,在商标中插入秘密图像的例子数不胜数。最著名的就是藏在联邦快递商标中的箭头,另外,还有藏在三角巧克力商标里面的小熊。"我们在商标里插入的咖啡杯图像并不像它们那样隐秘,但是我们希望顾客还是要花一点心思才能发现其中的玄机,这样,这个小商标才会给你带来一些小惊喜。"

当我在电话中与马克交谈的时候,我环顾办公室,突然发现商标在这个小房间里真是随处可见——普瑞来洗手液瓶子上那一点鲜红,佩普药盒上那一抹亮黄。这个房间是我的舞台,里面的一切都是我的风景。

"日常生活中,商标随处可见,甚至我外出野营时,抬头一看满眼也都是商标。"马克说,"当然这些商标中不乏出类拔萃者,但也有很多滥竽充数的。我认识一个音乐家,他对商场里面播放的背景音乐大为不满。对我来说,看着遍地鱼龙混杂的商标,也有同样的感觉,总觉得这些东西整日出现在眼前实在是有碍观瞻。我家附近有一家沃尔格林药房,

2 与咖啡杯制造商之间不得不说的故事

门口贴着一张海报,上面罗列着三类货品的广告。可是其中两类货品之间的空格明显要比另两类之间的大,每次看到这张海报我都十分抓狂。"

闻此,我笑了起来,我无法想象一个人会因为一张稍有不对称的海报跳脚。我告诉马克,或许他需要喝一杯自己重新包装的威士忌,或者抽一根合法购买的大麻好好静静。

我很高兴马克能够如此醉心于他的事业,毕竟这些商标我们日日都见。我很感激他,因为他一门心思地致力于让我们的世界变得更加优雅一些。马克给了乔咖啡的消费者一个赏心悦目的商标:干净、亲切,相比于星巴克商标上那个戴着皇冠的绿色美人鱼更容易让人心领神会。

谁知道呢?或许他设计的商标给我的咖啡增添了一缕香气也说不定。在研究咖啡的时候,我做过几项实验,实验表明外部因素确实会影响人们对咖啡味道的判断。同样的咖啡若装在一个更高级的杯子里,人们便会觉得味道更好了。由此可见,人类是一个多么容易被操控的物种。

我再次向马克表示了感谢,我向他承诺,我要对所有努力使世界变得更美好一点的人多一分感激。

杯套

我给那些素未谋面的人打电话表达谢意时，不同的人对此事却有着截然不同的态度。比如我给专门为我用的纸杯提供木材原料的林业协会打电话时，接电话的那个伙计说话的语气，与我在街上被人推销电表时说话的语气如出一辙。

"我知道我打这个电话有些冒昧，但是我想对您表示感谢……"我这样说。

"谢谢，我什么都不需要。"那人说道。

"您误会了，我不是向您推销……"

我话还没说完，电话那头已经挂了。

但是其他人的态度就和缓多了，比如那位制作咖啡杯套的女士对我就十分友善。所谓咖啡杯套，就是一种套在咖啡杯上的褐色硬纸筒，用来阻隔咖啡的热度，方便我们饮用。

不过话说回来，我之前确实也没花太多心思在这小小的杯套上，但这也确实是一个令人拍案叫绝的小发明。想来，这小小的咖啡杯套，应该使数百万甚至数十亿的手指免受皮肉之苦，毕竟无论烫伤还是轻微灼痛的滋味都不好受。

一项小小的研究表明，咖啡杯套的历史十分久远，它甚至还有一个别称——扎夫。因为古时候，土耳其咖啡与中国茶都是装在由金、银、玳瑁壳和其他金属制成的扎夫中献给贵族饮用的。

然而，现在我们常用的硬纸壳制成的扎夫，是在1992年由波兰人发明的，被称作Java杯套。Java杯套有限公司延续至今，是一家由杰·索伦森和他的夫人科琳·索伦森共同经营的家族企业。我找到了这家公司的联系方式，接电话的是科琳。

"谢谢您，谢谢您使我免于手指烫伤的苦恼。"我说道。

"听到您这么说我实在是太高兴了。"科琳回答说。

我向科琳询问Java杯套的起源，原来那是一个简单欢快的小故事，简单得就像使艾萨克·牛顿醍醐灌顶的苹果落地的故事一样。一天，科琳的丈夫杰驾车去买午餐，并送女儿上学。杰将车停在餐馆门口的专用车道上，伸手接过窗口递过来的杯子，突然觉得手指一阵灼痛。他条件反射般松开手，咖啡便一股脑儿都洒在他的大腿上了。情急之下，杰当时可能口出几句不雅之词，我在此就不复述了。

杰回家后，脑子开始疯狂运转，他和科琳一块凑在餐桌前开始想主意。他们绞尽脑汁想要找出一个法子来，防止当日的小意外再次发生。

那是杰夫妇生命中最为黑暗的日子,科琳说:"我们好不容易才熬过那段时日。"杰曾和他父亲一起经营一个壳牌加油站,但那个加油站那段时间关门了,科琳只能做一些临时的餐饮工作补贴家用。尽管科琳很喜欢餐馆里"友善的人们和免费的食物",但她的收入也只能勉强做到收支相抵。

"我们从杰的伙计那里借了一万美元,用这笔钱做了一批杯套雏形,然后我们开车带着这些杯套四处推销,终于把它们全部卖了出去。"科琳说道。几个月后,他们开车去参加一个咖啡大会,在会上他们的 Java 杯套轰动全场,得到了很多咖啡馆老板的青睐。"我们记下了所有订购杯套的咖啡馆的名字和地址,那一晚,我们卖出了 4000 个杯套。"

不出几年,这个营生就为他们带来了一笔可观的收入。随着订单越来越多,他们便开始扩大规模,雇用工人帮助生产。"那感觉,就像一直挂在嘴边的美国梦真的实现了一样。"科琳说。她辞去了在餐馆的临时工作,一门心思地投入到夫妻两人的生意上。同时,她还加入了一个慈善团体,义务将餐馆剩余的食物分发给那些无家可归的人。

听了他们的故事,我又一次激动不已,整个经历充满正能量，就像美国著名导演卡普拉镜头下的一出励志剧。我很感激如今的美国，还存在科琳这样勇敢的奋斗者。我也感激如今的美国，仍能够为有想法的人，不仅仅是那些坐拥几百家公司的研发团队，而是那些拥有看似愚蠢实则有用的奇思妙想的人提供一个施展才华的舞台，帮助他们将想法转化成现实，使数百万人的生活因此而变得愈加美好。

"这是一场疯狂的旅行。"科琳说。她告诉我，当她从电视上看到一则汽车广告，惊喜地发现司机用的咖啡杯套正是他们生产的Java杯套时，激动之情简直无以言表。那是他们产品的第一次全国性曝光。"你知道那种感觉吗？就是那种爱上某个人的幸福的晕眩感，那就是我当时的感觉。"

几年后，Java杯套获得了更大的荣誉。它被陈列在现代艺术博物馆的展览中，被称为"谦逊的杰作"，同它一同展出的是阿司匹林肠溶片和乐高积木。科琳说整件事情都让她觉得不真实。"我只记得自己去过纽约，这让我激动不已，"科琳说，"我去了现代艺术博物馆，真正的现代艺术博物馆！我们生产的Java杯套被放在一个玻璃柜里展览。我记得我没有在那个展厅逗留很久，因为我想去看看毕加索和莫奈的杰作。"

挂断电话之前，我请求科琳真诚地回答我最后一个问题："请问这次冒昧的通话是使您感到愉悦，还是给您带来了困扰？"

"很高兴您打来了这个电话，它让我想起自己是多么幸运，我真的感觉自己像中了乐透一样。我是说，我并不是希望所有使用我们咖啡杯套的人都给我打电话，要是那样的话，我就没法工作了，但是我很开心您给我打来了电话。"

听了科琳的这番话，我如释重负。其实，有效的感恩应该是双向的，它应该使感谢者和被感谢者都有所获益。于感谢者而言，表达谢意可能只是一种自我表达的工具，但于被感谢者而言，这句话可能成为照亮生活的一盏明灯。我知道还有好多像葛丽泰·嘉宝一样蒙着神秘面纱的人，他们不愿被打扰，也无须被感谢。与这样的人打交道我需要谨慎再谨慎，好在科琳不是这样的人。

▽ ▼ ▽

次日，我想到了一些感恩之外的东西，这种想法让我不知所措。

2 与咖啡杯制造商之间不得不说的故事

我花了数日时间寻找并感谢那些与咖啡杯息息相关的人，可是，我突然发现自己竟还没感谢那些咖啡杯制造者。

当我盘算着要感谢多少个参与制造咖啡杯的人时，得到的数字使我瞬间血压飙升，头晕目眩。这些人包括在造纸厂生产硬纸板的工人，为制造硬纸板提供木浆的伐木工人，为伐木工人生产电锯的金属加工工人，甚至包括为电锯生产提供钢铁的铁矿工人。

这种联系就好像一系列特别恶劣的弹出式广告，每当我决定采取下一步行动时，在我眼前就会呈现数百条错综复杂的路径。我最终会写出一个怎样的故事，取决于我选择了哪条路。

我提醒自己：矿工开采的铁矿石被炼成了钢铁，给伐木工人打造了顺手的工具——电锯；伐木工人用电锯砍伐树木，为制杯商提供了原料——木浆；木浆又被加工成硬纸板，然后被制成盛咖啡用的纸杯。可是别忘了，我还要感谢给矿工制造安全帽的工人。

想到这里，我深深吸了一口气。

或许在旧石器时代，我的感恩计划可能会进行得稍微容易一些。但是在经济全球化的今天——我由衷觉得经济全球化是一个十分积极的趋势，但是我也不否认它确实存在消极影响——想要感谢每一个为我的咖啡做出贡献的人，可能要耗费我毕生的精力。

于是和朱莉还有孩子们共进晚餐的时候，我向他们讲述了这个让我忙得焦头烂额的感恩计划。"我真的觉得这样算来，我要感谢地球上的每一个人。"我说道。

朱莉狐疑地看着我，然后指指一旁放在暖气片上的《人物》杂志，问道："她呢？碧昂斯和你的咖啡之间也有联系吗？"

我思索了片刻，然后想到了答案。经过充分的调查研究，我解释说，我可能会找到碧昂斯和我的咖啡之间的联系。也许为咖啡杯制造塑料衬里的某位工程师，在准备化学期末考试的时候，就是通过听碧昂斯的歌来激励自己的。也或许给仓库运货的卡车司机，在工作时通过听碧昂斯的歌来保持清醒。

"你不觉得这种说法有些牵强吗？"朱莉问道。

"有些牵强，但又不十分牵强。"我说。在现代社会中，人与人之间都是关联互通的，你永远不会知道人们会有怎样的联系。

2 与咖啡杯制造商之间不得不说的故事

"那我呢?"卢卡斯问我,"我对咖啡又做了什么贡献呢?"

我稍加思索,便得出了答案:我与朱莉要工作,赚钱养活卢卡斯和他的兄弟。我们缴纳的税费则被用来支付建造运送咖啡的公路的费用,并为保障乔咖啡安全的警察支付薪水。

"所以,我也要谢谢你。"我说道。

我感觉儿子赞恩可能对我的想法深以为然,他指出,对我的咖啡做出贡献的并不仅仅是那些活着的人。

"那么,还有咖啡店里那位女咖啡师的父母呢?他们也对这杯咖啡做出了贡献啊。"赞恩说,"还有她的祖父母,她的曾祖父母,以及她的曾曾祖父母。"

"没错,"我很高兴,在家里我还有一个小小的支持者,"我还要感谢数以百万死去的人,比如第一个锻造钢铁的人,还有那个古埃塞俄比亚牧羊人。传说那个牧羊人偶然间发现自己的羊食用了一种特殊的植物开始兴奋发狂,于是他决定自己试着种植咖啡豆,至少传说中是这么说的。"

如果我相信这些传说,那我也要感谢他们。

晚饭后,我反复思考着朱莉的话,我不得不承认她是对的。感谢碧昂斯确实太离谱了,我需要适当地缩小范围。

或许我只需尽己所能去感谢1000个人,我可以将这个数字定为自己的目标。1000人,这也是一个触目惊心的数字,但至少是一个我拼尽全力可以达成的数字。

3 关于咖啡烘焙机的那点儿事

▼
▽

感谢有你，烘焙出如此美味的咖啡

几天后的某个早晨，当朱莉准备去晨练的时候，我看着她的眼睛对她说："昨天你带着卢卡斯去做牙齿矫正，我对此感激不已，辛苦你了。"

"呃……没什么，"朱莉蹬上靴子回答说，"你真是太客气了。"

我于是想到，"感激不已"这个词多用于正式场合，且常使被感谢者忐忑不已。我刚才那句话，听起来就像从一个练裸体冥想的俄勒冈信徒的嘴里说出来的。

但我这样说也有我的理由，我最近读了沃顿商学院的一篇研究报告，报告中指出：当人们说"感激不已"时，所表达出来的谢意比简单的一句"谢谢你"更为真诚。

所以这几天，我一直试着用"感激不已"这个词来表达自己的谢意,并且根据情况不时在前面加上"非常"等词表示强调。

报告中重点指出:如今,"谢谢你"这个表达常被人们认作一种机械式的致谢方式,一种纯粹的本能的语言反射,并不包含太多情感,但如果换作其他感谢性的词语,就会引起被感谢者的注意,使他们接收到你的感谢信号。

到目前为止,我发现人们对"感激不已"这个词的反应多种多样——很多人会对此报以一个真诚的微笑,还有少数人会对此感到紧张不安。今天早上我对乔咖啡的咖啡师说:"谢谢您为我制作这杯美味的咖啡,我感激不已。"

"嗯,你是应该感激。"那个咖啡师说完,大笑了起来。他的这个玩笑和言辞间透露出的自信,使我一整天都十分开心。

奇妙的是,当我使用"感激不已"这个词时,受到最大影响的竟然是我自己。当我强迫自己说出这个让我略感尴尬的"感激不已"时,真的感到自己的感激之情更浓了。

或许我不应为此感到惊讶,因为这种现象只是印证了我之前一个写作项目中涉及的宏大主题:以外修内,即我们的言行举止会改变我们的思想。仁人家园(Habitat for

Humanity)的创立者曾说过一句著名的话来描述这种现象，他说："让自己用新的思维方式思考，要比考虑自己的新行动方式更容易。"

举个简单的例子：几年前，我写了一本书，在写书的过程中我决定给自己来一个宗教知识速成。我努力研习了《圣经》，并试图通过尽可能地严格遵守《圣经》中的诫命来加深理解。我试图将十诫奉为金科玉律，我蓄起了摩西式浓密的长胡须，我不穿混纺纤维的衣服（这是《利未记》中的一项指示）。

同时，我还要努力地使自己变得更富有同情心。这对我来说并不容易，你可知悲天悯人并不是我的天性。我怎样才能使自己更加富有同情心呢？我想到了一个办法，那就是逼自己表现出富有同情心的样子。

那段时间我恰好有个朋友住院了，可我一直很讨厌医院。我讨厌医院里的一切，包括医院里的气味，那种防腐剂与腐烂气味混合在一起的味道。但是我告诉自己："遇到这种情况，一个富有同情心的人会怎么做呢？他一定会去看望生病住院的朋友。"所以，我强迫自己去了医院。

到了医院，我发现了一件奇怪的事情——我骗过了自己的大脑。我的大脑告诉我:"你看,你现在已经来医院探望朋友了,你现在一定是一个富有同情心的人了!"如果你经常这样做,那你就会真的变得更有同情心。这其实是一种最基本的认知行为疗法:按照某种特定的行为方式行动,使大脑最终认同这种行为方式。

与此类似的"弄假成真"现象,在我写作一篇关于"如何尽己所能成为模范丈夫"的文章时也出现过。那段时间,我每天都强迫自己给朱莉买一个小礼物——杏仁蛋白软糖、磁铁玩具、散发着番石榴香气的高价肥皂。

于是,我又一次骗过自己的大脑。我的大脑在想:"我给老婆买了这么多小玩意,我多爱我老婆。"久而久之,我真的更爱我的妻子了。

我感觉我的感恩之心也在发生类似的转变。我正不厌其烦地大声表达自己的感激之情,我的大脑也正在逐渐认同这种情感。但我知道我离自己的目标——将自己烦躁愤怒的时间减少到之前的一半,还有很长一段距离,好在良好的开端是成功的一半,我对未来充满信心。

那天早上晚些时候,我启程去了布鲁克林,去向住在那里的一些伙计表达我"感激不已"的感情。艾德·考夫曼邀

3 关于咖啡烘焙机的那点儿事

请我去参观乔咖啡的烘焙工坊,世界各地未经加工的绿色咖啡豆均被运送到这里,被烘焙成深褐色后再装入货车运送到各地的咖啡馆。

烘焙工坊是一间大房子,风格淳朴,砖墙木梁。屋内停着几辆叉车,纸箱堆积成山,天花板上还悬挂着一盏金灿灿的吊灯,与整个房间的风格格格不入。

"欢迎参观我们的厨房。"艾德向我打招呼说。

整间工坊最引人瞩目的当属那几台烘焙机,这些巨大的钢铁机器,用艾德的话来说,"就像是比萨炉和干衣机结合的产物"。

每台烘焙机都有一个巨大的装满咖啡豆的铁桶,桶中有一个金属臂,桶底是燃气灶。在金属臂的搅拌下,燃气灶对桶内的咖啡豆均匀地进行加热。烘焙机与一台计算机显示屏相连,显示器上显示的是一幅类似于道琼斯指数的彩色图表。

"这个仪器是用来追踪烘焙机内的温度的。"艾德解释说。

艾德接着解释说,你可不要以为只要把温度调到350摄氏度就万事大吉了,想要心安理得地跑到一旁玩填字游戏是完全不可能的。在这短短12分钟的烘焙周期内,每一分钟都要调整不同的温度,这样才能烘焙出理想的咖啡豆。所以需要专人负责调整温度，还需要一个工人每分每秒都对机器进行密切监控。

其实，这台令人眼花缭乱的烘焙机只是整个工坊里众多机器之一，我环顾四周，这个房间宛若007电影中Q先生的实验室，只是没有电影中那么暴力。

我突然注意到，房间内有一台烤面包炉大小的机器正在嗡嗡作响，同时机器上面还显示着咖啡豆的水分含量（含水量是11%时为最佳）。屋子里还有一台看起来像温度计的设备，它实际是用来测量咖啡豆成分的稳定性的，也就是测量咖啡豆的化学成分可能会如何变化。

"我在哥伦比亚的时候，那里的农民给我用平底锅烘了一杯咖啡，味道十分香美。"艾德说道，"所以，咖啡豆的烘焙其实可以完全脱离这些设备，只不过我们不愿意冒险尝试罢了。"

其实，这间烘焙工坊里不仅有机器，还有几位劳作的工人，至少人工智能革命来临之前，这间工坊都需要工人来维持运行。

艾德向我介绍了埃里克，只见他头戴一顶自行车帽，身上穿着一件T恤，袖子却被他卷到了肩头。"这个地方太热

3 关于咖啡烘焙机的那点儿事

了。"埃里克解释说。

埃里克负责将咖啡打包、称重并装载上车,和他一同工作的还有其他四人。

"我只是想告诉你,正是有了你,我才能喝到咖啡,所以我对你心怀感激。"我说道。

"谢了,伙计。"埃里克回答说,"我也喜欢喝咖啡,所以我知道一杯咖啡可以决定我们一整天的心情。"

埃里克解释说,他们干的是体力活,需要将这些152磅重的装满咖啡豆的麻袋从卡车上搬下来。对于这个重活,他们组里的每个人都有自己的工作方法。有一个伙计通常会"用一根橙色的带子将三四袋咖啡豆捆到一起,然后像骡子一样将麻袋驮走"。埃里克则比较喜欢把麻袋放在地面上拖着走,"就像在酒吧里人们在吧台上把一杯酒滑过去那样"。

"我们正考虑在这里开一家健身馆,"其中一个工人说,"过来搬麻袋的,每人每小时收费100美元。"

烘焙好了以后,埃里克和他的同事们便用超大号的勺子把烘焙好的豆子装到五磅规格的袋子里。

埃里克的同事李说:"我喜欢一次装一个袋子,装满后封好,然后再装下一个。但埃里克不一样,他是艺术家。他先把十个不同的袋子分别装上三大勺咖啡豆,然后再均匀地往每个袋子里添加咖啡豆,最后每个都正好是五磅。"

我问他是否可以拍一张"致谢照片"留作纪念,因为我正在制作一个感恩相册。这些工人中的四个,包括埃里克和李,同意了我的请求。但是我发现,一旁还有一个留着长发的男子正坐在叉车上。我邀请他加入我们,他摆摆手谢绝了我。看来他对我的感恩项目并不感兴趣,可我不知原因为何,可能他觉得接受我的感谢是一件略显尴尬的事情,或许他只是想静静地做自己的工作,也或许其他人也是这样想的,只不过出于礼貌没有言语。

▽ ▼ ▽

那个周末,朱莉和我带着孩子们去罗得岛探访朋友吕蒂和安德鲁。吕蒂是一名国际关系学教授,任教于普罗维登斯学院,我向她讲述了我的感恩计划。

"你是认真的吗?"她问我,"你知道吗?我正好教过一门关于咖啡经济学的课程。"

我对此完全不知情,说实话我并不相信命运,但我仍感

3 关于咖啡烘焙机的那点儿事

激生活中的一点点小巧合与小惊喜,而此刻的这个巧合真是无比奇妙。吕蒂用了一个周末的时间和我讲了咖啡供应链。

"你只要牢记一件事,不要企图粉饰这个过程,"吕蒂说,"某些种植园里的劳工比奴工好不了多少。"

我向她保证我会谨慎处理这个问题,我还告诉她我是从一家名叫乔咖啡的咖啡店买咖啡,这是一家有着良好的社会良知的咖啡连锁公司。

"它可能确实是一个良心商家,但是你要记住咖啡制造业这一领域中也有很多压迫和不公。"

吕蒂说的没错,我不想在这个复杂的问题上表现得盲目乐观。咖啡确实为这个世界带来了很多欢乐,但也给这个世界带来了诸多痛苦。事实上,我电脑里一直保存着一份咖啡的善恶名单。

从好的一面讲:

- 咖啡会为每天喝咖啡的数百万人提供少量的多巴胺。咖啡曾为许多伟大的艺术和工程作品提供了灵感,贝多芬曾以每天早上喝一杯咖啡(每杯咖啡里都用64颗咖啡豆)而闻名,巴尔扎克每天喝的咖啡不下50杯。

- 咖啡是推动经济繁荣的巨大引擎。全球范围内约有 1.25 亿人从事与咖啡相关的工作。马克·彭德格拉斯特在他的作品《左手咖啡，右手世界》里曾说过这么一句话，咖啡是"苦苦挣扎的农民家庭赖以生存的经济作物，也是国家工业化和现代化的基础，还是有机生产和公平贸易的典范"。
- 南北战争时期，北方联邦之所以能取得胜利，咖啡着实功不可没，当然这只是我的个人观点。当时北方联邦地区有咖啡可以饮用，但是由于海上封锁，南方联盟地区不得不用菊苣、玉米和其他东西制成一种不含咖啡因的替代品供人们饮用。所以我认为，咖啡为美国的进步与统一立下了汗马功劳。

从坏的方面讲：

- 咖啡会对环境造成巨大的破坏。一个名叫气候之路（ClimatePath）的组织估计，一磅重的咖啡从生长、打包再到运输等一系列过程，会产生五磅二氧化碳。其中还不包括漂浮在太平洋上的数十亿个废弃的塑料杯盖，和咖啡种植园给中美洲森林带来的毁灭性伤害。
- 咖啡是雇主们惯用的理想兴奋剂。当雇主们想要剥削员工的劳动力，让他们超负荷劳动时，咖啡便成了提神醒脑的不二选择。
- 咖啡种植业导致巨大的贫富差距，数以百万种植咖啡豆的农民，只有少数才能登上金字塔的顶端，其余的只能在底层苟延残喘。另外，再引用《左手咖啡，右手世界》这本书中的一句话来说，那就是咖啡"导致了对原住民的压迫与土地剥削，同时还诱使靠地吃饭的农民放弃了自给自足的农业生产，转而过度依赖国外市场，妄想通过经济作物出口来养家糊口"。

这样看来，吕蒂的话的确不无道理。我的这个项目确实不能只报喜，不报忧，只将咖啡产业光鲜亮丽的一面展现出来，我也必须直面其黑暗残酷的一面。我不能让感恩之情发展成一种对人们毫无助益的情绪——自鸣得意。我希望自己变成一个心怀感恩的人，但我不希望自己单纯到相信这个世界是完美无瑕的。

其实，人们至今仍对心怀感恩这一情绪所夹杂的极大的负面影响争论不休。美国著名作家芭芭拉·艾伦瑞克几年前为《纽约时报》写过一篇名为《感恩的自私面》的专栏文章。在这篇文章里,芭芭拉表示感恩有时会成为积极的社会变革的拦路虎。

芭芭拉认为感恩之情是人们心灵的麻醉剂,沃尔玛鼓励其员工怀着一颗感恩之心拥抱生活,而不是为他们少得可怜的薪水怨声载道。芭芭拉还在文中暗示,所谓的感恩行动实际上是一个右翼阴谋。"心怀感恩之所以能像一个名人一般拥有如此高的知名度和社会地位,可能在很大程度上都归功于保守派的约翰·坦普尔顿基金会的资助,"她写道,"本世纪最初的十年里,这个致力于促进自由市场资本主义的基金会,便向从事感恩研究的学者艾蒙斯博士提供了560万美元的资金援助。"

这篇专栏文章中表达的观点令我担忧不已,我不禁自问:"难道我是一个傻瓜吗?"于是,我给感恩研究领域的大拿斯科特·巴里·考夫曼打了一通电话,向他倾诉了我心中的疑惑。

"这的确是一个有趣的观点,但是从经验主义角度来说,这个观点并没有被证实。"斯科特的话使我大大地松了一口气,"其实,从现实角度来说,事实与芭芭拉的观点恰恰相反。研究表明,当人们心怀感激时,人们会变得更加慷慨热情、平易近人。"

斯科特还向我推荐了一个类似的研究,研究结果表明感激之情会促使人们知恩图报,释放更多的善意。这项研究设计得很巧妙,心理学家们——包括来自美国东北大学的戴维·德斯特诺教授——分别将两位志愿者带到实验室,让他们坐在两间相邻的小隔间里,然后要求他们完成同一项十分枯燥无聊的计算机任务。

20分钟后,他们使实验对象A的电脑死机,将A的工作数据全部清除,使A白白浪费了20分钟,只能从头开始,这让A十分恼怒。

此时,实验对象B主动提出帮助A修复电脑,但B其实是一个知情者,他只需按任务行事。因此B只要按下一个秘密的"修复"按钮,这台被故意弄坏的电脑就奇迹般修好了。

电脑修好以后,A就可以交差了,所以我们推测实验对象A是美滋滋地离开实验室的。最关键的问题来了:A在离开实验室时遇见了另一个陌生人,如果陌生人向A求助,请求 A 帮其完成一个与刚才的实验毫不相关的任务,你猜 A 会不会答应?答案是肯定的。相比于对照组那些没有经历过计算机死机,也没有得到 B 的帮助的实验对象,A 表现得更乐于帮助这个素未谋面的陌生人。于是心理学家们得到了一个大发现:心怀感恩的人更喜欢主动帮助别人——他们想要将这份善意传递下去。

读完这项研究,我给斯科特发了一封感谢信,这项研究的发现使我精神振奋、备受鼓舞。说实话,长久以来,我心里愤世嫉俗的一面都认为,感恩之情很可能是从人们内心中某些自私的原因进化来的。这种情感刚开始可能看起来像是一种互惠关系,无法对等甚至可以演变成针锋相对:如果黑猩猩 A 帮黑猩猩 B 抓虱子,那么黑猩猩 B 可能会更愿意和黑猩猩 A 分享食物。

就目前而言,这种解释是行得通的,因为这种互惠互利的关系没有任何问题。但是研究表明,感恩的发展已经逐渐脱离其现实政治的起源。这种发展使人们逐渐放下了对利益的斤斤计较,并逐渐提高了对陌生人的认同感。

对于这种观点,我深有同感。我深知自己只是大千世界里一个最不起眼的存在,但是每当我心怀感激时,我总是更容易感觉到快乐,更容易设身处地地替别人着想,同时我也更容易对他人产生共情,更加乐善好施。而当我暴躁烦闷时,我就会变得自私刻薄。我会想:"我的生活已经如此悲惨,为什么还要费心帮助别人呢?"

于是,我又为这场感恩之旅寻得了一个目标——永远不要得意自满。我告诉自己务必确保这份感激能对自己的行动有所裨益,并期待能改善咖啡生产链上涉及的每个人的生活,即使只是微不足道的一点点。到底如何改善这些人的生活呢?答案需要我去寻找。

4 一场奇妙的水之旅

▼
▽

感谢有你，使我的杯子里能够盛满咖啡

我最近一直在一丝不苟地执行我所读的书中介绍的感恩方法，同时心理学家艾蒙斯建议我："下次你对某人心怀感激时，请走上前去给他一个拥抱，或者亲昵地拍拍对方的手或肩膀。"

在现在这个后哈维·韦恩斯坦时代，艾蒙斯介绍的这种无缘无故主动拥抱的方法，我还是尽量避免吧。

但是艾蒙斯教给我的另一种方法似乎较为可行：写感谢信。于是，我每天中午都会在午餐时抽出一个小时的时间写十来封感谢信，然后通过电子邮件、领英网甚至老式的纸质信封将它们发出去。礼仪书上说，感谢的对象越具体越好。于是，我便努力地在信中添加一些细节，比如感谢"咖啡品质研究所"（一个给农民提供更好的技术建议的机构）的义工，

他们走到田间地头，忍受着蚊虫叮咬，为我们培育出了更高品质的咖啡豆。收到感谢信的多数人都不会给我回信，我安慰自己这是人之常情，我不应该要求收到感谢信的人也给我写一封感谢信，但是当我收到回信的时候，还是受宠若惊，那感觉简直比喝了一杯十倍浓缩咖啡还要兴奋。

今天，我收到了一封在 GrainPro 公司工作的工程师的回信。GrainPro 公司专门生产一种特制的、能够使咖啡豆在运输过程中保持新鲜的塑料袋。这位工程师在信中写了好几段，最后他在结尾处写道："我谨代表 GrainPro 公司无比自豪的员工们感谢你的肯定，我们对此不胜欣喜。"我何尝不是欣喜若狂。

写了这么多感谢信，我的邮票都用完了，于是我决定去邮局买些新的。在邮局里，我突然想到，或许我也应该感谢一下这里的邮政工人，因为他们负责给乔咖啡送邮件。我登录邮政官网想要查询一下时间表，却在主页的角落里看到了我们当地邮局的 Yelp（美国最大的点评网站）链接。我点了进去，却发现用户们对它并不是很满意，甚至还有很多一星评价。"这家鬼公司简直就是上天派来惩罚你的。"一个名叫安娜的女士这样写道。还有一个名叫"钦"的女士表示，邮局里的工作人员不仅脾气暴躁，而且暴虐成性。一个名叫山姆的男子则表示："如果你的时间一文不值，那就尽情来这里挥霍吧，这个地方绝对不会让你失望。"

但是一个名为比弗·布法罗的人却和大多数人有着不同的看法，他评论道："己所不欲，勿施于人，善待员工吧，他们也会对你温柔以待，我们之间的相处就十分融洽，我每年还给邮局的工作人员送好几次饼干呢。"

看到这里，我对比弗肃然起敬，他的这种腔调看起来既可爱又疯狂，但是又与我的感恩计划完美融合。那天晚些时候，我买了一兜好时巧克力（我想，如果自制的饼干可能会被当作危险品而遭到拒绝，那巧克力总不会吧），然后带着这兜巧克力开启了这趟邮局之旅。

到了邮局，我排队办理业务，邮递员大喊一声："下一个！"

我上前一步，应声道："我努力想要表达自己对你们的感谢之情，我十分感谢你们的努力工作，所以我带了一点小礼物略表心意，请帮我分给各位工作人员。"

"天哪！"那个工作人员说。

他将窗口的栅栏抬起来，我便顺势将袋子放在天平上。

"我不想让你误会我是在贿赂公职人员,我只是想向你表达一下谢意。"

"哦,天呐!"听罢,他又笑着惊叹了一句。

我搞不清楚他嘴里那句"哦,天哪"是想表达"哦,天哪,请不要拿枪",还是想表达"哦,天哪,这是一份多么可爱的惊喜啊"。

我迅速买到了邮票,没有一丝耽搁,也没有被粗暴对待,更没有被剥夺一天的好心情。

从邮局出来以后,我去了乔咖啡店。喝着咖啡,我回想起艾德告诉我的一些事情。其实咖啡豆在一杯咖啡中只扮演了很小的一个角色,拿我手里的这杯咖啡来说,这杯咖啡里咖啡豆只占1.2%,剩下的98.8%都是水。所以我想,若我要感谢每个为咖啡做出贡献的人,那我应该好好感谢一下那些供水商,毕竟水在我这杯咖啡里扮演着举足轻重的角色。

为了好好研究一下水的问题,我读了一本关于饮用水历史的书。读完那本书,我惊叹于人类的智慧:只要轻轻拧一下水龙头,我们就能立刻得到一股干净安全的水流,这多么令人心生敬畏啊。

可是在人类历史上99%的时间里,情况都不是这样的。

而且就连当今世界,还有很多地区的用水现状也并非如此乐观,居住在这些地方的人每天还要提着水桶去水井打水。正如詹姆斯·萨尔兹曼在其著作《饮用水》一书中所写的,数百万非洲妇女"将自己就业与受教育的机会都献给了每日必行的提水工作,使得非洲的性别歧视与贫穷落后现象根深蒂固"。

但是我的家人却非常幸运地生活在一个饮水不愁的好地方,我们无须花费很多时间打水,只消几秒钟,我们就可以用到干净充足的水。我们可以用它来泡咖啡、洗澡,甚至我的宠物龟也可以每天享受洒水服务。纽约的水,不仅仅是供人使用这么简单。纽约的饮用水干净可口,被誉为"水中香槟"可谓实至名归。有时,纽约的饮用水甚至会被装瓶出口,供欧洲人一饱口福。

几天后,我去了曼哈顿北部19英里外的一个小镇。小镇坐落在卡茨基尔山脚下,叫作金斯顿镇。在那里,我与一个名叫亚当·博什的男子一同徒步旅行。亚当·博什曾是当地报社的一名记者,现就职于环境保护局。

我们两个走到一个湖边,凝视着巨大的蓝色湖泊,静静地看着风将如镜般的湖面吹皱。亚当缓缓说道:"毫不夸张地说，没有这汪湖水，就没有现在的纽约城。"

我望着湖面，隐约看到湖中某处有水花翻腾。这些水花在接下来几个月里，会顺着管道蜿蜒数里，经过氯与紫外线消毒，被输送到乔咖啡，制成咖啡后再送到我的眼前。

看见它的第一眼，我就被这个巨大的湖泊深深折服，湖面宽阔到我甚至看不到远处的湖岸。这个湖是为纽约提供水源的19个湖泊之一，它们的占地面积有罗得岛的两倍大，水量多达5800亿加仑。而纽约市一天的用水量，就足以填满10个扬基体育场。

关于这个湖泊，第二个令我印象深刻的地方是它看起来与别的湖并无二致。不知怎的，我总觉得给纽约城供水的湖应该用40英尺高的带刺铁丝网围起来，再修上几座堪与20世纪60年代俯瞰柏林墙的狙击塔媲美的瞭望塔。然而眼前的景象却与我的想象截然不同，这个湖是相对开放的。

它更像是一个公园。一个戴着紫色头巾的女士骑着自行车从我们身旁路过，她一边骑车，一边放声高歌。湖岸上停靠着几艘白色的摩托艇，它们是用来巡游湖面、保护水源的。

"这里真是一个垂钓胜地，"亚当说道，"几年前，有人曾在这里钓上过一条玻璃梭鲈，这条鱼的大小刷新了国家纪录。"

哈，我喝的水里面还养着鱼，我之前还真没想过这个问题。这听起来有些格格不入，至少对我来说是这样。同时，显而易见，这也出乎每年来这里参观的成百上千的小学生的意料。

"学校的孩子们来参观时，问得最多的问题就是鱼屎去哪儿了。"亚当说道。

"那到底去哪儿了呢？"我问。

亚当告诉孩子们这不是问题，因为湖里的水太多了，鱼屎在水中自然而然就消失了，他解释道。

不仅湖里有鱼，海狸、小鹿还有大雁也纷纷在湖里和湖边安家落户。但是无须担心，因为环境保护局会尽量将这些动物对水的影响降到最低。"我们经常燃放爆竹，就是想把那些大雁吓跑，但是再怎么赶也赶不光。"亚当说。而且每当大暴雨来临之前，环境保护局的工作人员就会环湖而行，将小鹿和老鼠的粪便捡拾干净。从事这项工作的人令我肃然起敬。

我们说话的时候，一辆白色皮卡停在我们旁边。随后，车上下来一个戴着太阳镜的大胡子男人，名叫马克·杜布瓦。

马克是水库的监管员之一，他们家族几代人都生长在这里。

"我曾祖父的房子就在那边，"马克指着湖中央的一个地方说道，"现在那座房子在大约 50 英尺的水下。"

没错，马克先祖的房子被湖水淹没了。早在 1905 年，这片土地上还房屋林立，但随着纽约市的快速发展，曼哈顿的水井要么太小，要么遭受污染，已经不能满足城市日益增长的供水需求。

那么，该从哪里寻求水源呢？人们将目光投向了卡茨基尔山脉。这个地区雨水丰富，海拔较高，使得山中水源能在重力作用下被引到山脚，同时当地居民没有任何政治势力，因此无力反对这个项目。另外这里的水质较"软"，即含钙量较低，这就大大降低了输水管道堵塞的概率，同时这也是纽约市的饮用水味道纯正，没有金属味道的原因。这样看来，卡茨基尔山脉地区确实是最理想的供水地。"这也是纽约的百吉饼和比萨如此美味的原因之一。"亚当补充道。

所以，人们开始在卡茨基尔山上开山建坝，很多农田也因此被淹没。湖水吞没了 11 个城镇和 32 座墓地，随之消失的，还有农场、铁匠铺、学校和商店，数以千计的当地人下岗失业、流离失所。

4 一场奇妙的水之旅

"对于居住在这里的人来说,这简直是一场噩梦,"居住在卡茨基尔山区的一个居民黛安·加卢沙说,"人们心中至今仍萦绕着疑虑和苦涩的情绪。"

几年前的一个旱季,水库水位急剧下降,马克祖先的房子又露出了水面,于是马克便来到湖边,拍了张照片。照片里的他摆着和祖父相同的姿势,手里拿着烟斗。

"来到现场的感觉真是太好了,我不认为这是一个多么神圣的地方,但它确实是我心中离神圣最近的地方。"马克说,"这种感觉十分拨动心弦,我常常提醒自己,我与祖父劳作在同一片土地上。人们常说血浓于水,但是对我们家族来说,我却不确定这种说法是否正确,因为于我们家族而言,水与血是交融的,它们一同流淌在我们家族的传统里。"

马克对修建水库毫无怨言,他的家人也坦然接受了这个事实,并且他们生活得很好,马克的曾祖父就曾在水库的建筑工地上帮忙铺砖。

但并不是每个人都像他们这样幸运。数百人曾为此背井离乡,而且付出代价的不仅是他们的祖先,时至今日,卡茨基尔山区的居民仍需遵守十分严格的务农规定。当地居民的愤怒从他们贴在车后的标语便可见一斑:他们在保险杠上贴着贴纸，上面写着"为纽约供水"标语，旁边还配了一幅图，图上画着一个男子往水库里撒尿。

我想，这一主题我要好好记下来，收录在我的感恩计划中：我的舒适是建立在别人的痛苦之上的。我的甘之如饴，是以扰乱这个社区居民的正常生活为代价的，因此我应对这些居民做出的牺牲心怀感激。

亚当被政府雇来做一名和解员，因为他从小生长在这片土地上。"当我穿上环境保护局的工作服去杂货店买东西时，我还是会时不时地遭到人们的质问。"亚当告诉我。但是他表示，情况正在慢慢改善，他正努力寻找一个两全其美的方法（如推行粪肥储存，这既能满足农民的耕种需要，又减少了水中的"有机物"，当然这个"有机物"只是一种委婉的叫法）。

▽ ▼ ▽

我的感恩水之旅的下一步，是参观一条隧道。这可不是一条普通的隧道，卡茨基尔山上流下来的水，就是沿着这条隧道南下。亚当给我看了一个比萨大小的过滤网，上面滤过

4　一场奇妙的水之旅

了几条卷曲起来的死鳟鱼。最后，亚当带我去了附近的一栋建筑，在这栋建筑里，身着实验室服的科学家会仔细检查、监控水质，确保其安全。

带我参观实验室的向导名叫柯尔斯顿·阿斯基德森，是一名化学家。她留着一头中分的棕色长发，脚上穿着运动鞋。一见到我，她便直奔主题。

"有件事我必须事先提醒您一下，"打开实验室的门之前，她说道，"您不能触摸实验室里的任何东西，把手揣好，免得被酸灼伤。"

随后，我们进入一个光照充足的房间，房间里放着各式各样装满水的容器：小烧瓶、大烧瓶、烧杯、管道还有滴管，有的甚至见所未见。我发现了一盒管子，里面装满了被染成像佳得乐饮料那样亮黄色的水。

经过一个巨大的冰柜时，我发现上面贴了著名演员克里斯托弗·沃肯的一张照片。

"看到这张照片，就说明前面要到小型冷库了。"柯尔斯顿解释说。

我注意到一排长长的玻璃管，它们看起来就像一个忠实的费西合唱团粉丝宿舍里摆放的一组锣。

"我们用这些玻璃管来取水样。"柯尔斯顿说。

每天,成群结队的环境保护局的工作人员都会穿着高筒橡胶靴到水库里去取大量水样,用的就是我看到的这种玻璃管。纽约市的饮用水每年要进行约220万次水质检验。

科学家们则负责检测水样,看其中是否含有对人们健康有威胁的物质。这些物质包括200多种,涉及面十分广泛,名字听起来也令人心惊胆战:大肠杆菌、砷、银,当然,还有铅。纽约市一直很幸运,当然市政府对此也一直保持高度警惕,所以历史上对铅中毒的记载寥寥无几。而位于密歇根的弗林特市民,却饱受铅中毒的折磨。

俗话说,家家有本难念的经,纽约市也存在诸多令人头疼的问题。纽约市在受到飓风桑迪的袭击后,水里便一直夹杂泥沙。水质浑浊,那颜色看起来就像 Yoo-hoo 巧克力饮料。

为了保护我们的饮用水免于微生物的危害,柯尔斯顿和她的同事们动用了几样"武器"来消灭它们,其中就有紫外线和氯。一听到这两样东西,我那个嬉皮姨妈肯定会认为这是政府的阴谋。但是疾控中心的一个伙计告诉我,在饮用水中添加氯消毒是20世纪十大有益于人体健康的成就之一。

"我喜欢纽约的水,"柯尔斯顿说道,"有一次我去费城,那里的水真是难以下咽,那个味尝起来就像我最讨厌的黄瓜味。"

我本可以在那里待上几个星期,继续感谢成百上千个为我每日用水做出贡献的人:阀门制造商,努力将气候变化对水的影响降到最低的科学家,甚至是给水库大坝割草的工人。"这可是个苦差事,"亚当说,"因为他们要忍受蚊虫的叮咬,一不留神还会被漆树划伤脸,如果不慎踩到黄蜂窝,就会被蜇得鼻青脸肿。"

我定会尽快向他们表示我的谢意,可现在我得回家了。我再次向柯尔斯顿表达了感谢,然后驱车南下。

▽ ▼ ▽

回到家后,我给了儿子们每人一个晚安吻,又给我家养的小乌龟谢尔顿洒了一点原汁原味的产于卡茨基尔山的水。随后,我痛痛快快洗了个热水澡。我在心里默默地向那些在寒冷的2月穿着长靴去湖里取水样的水质检测员表达了感谢,正是他们在冰天雪地里不畏严寒地坚持工作,我们才能在冬日里享受舒适的热水。

洗完澡后我爬上床，想起前两天我将自己的感恩计划告诉了一个朋友，她对我说她经常会做一个感恩小游戏助眠。当她躺在枕头上的时候，她便会努力回想一些使自己心生感激的事情，然后用字母表中的字母作为首字母，来描述这件事情——A指她丈夫安德鲁为她做的蓝莓煎饼，B指她夏日最爱的游戏草地球，等等。

我想我也可以玩这个游戏试试，但是我感激的对象只能与咖啡有关。

A代表阿拉比卡咖啡，一种乔咖啡和星巴克都在用的美味的咖啡豆，我很感激种植这种咖啡豆的园艺家。

B代表袋子，我很感谢哥伦比亚制造麻袋的工人，有了麻袋，咖啡豆才能运往北方。

C代表海关人员，我感谢他们虽禁止诸多成瘾性药物入关，但却独独对咖啡青眼有加。

D代表码头工人，我感谢他们每周搬运成千上万吨咖啡。

我已经想好Z代表什么了（我在乔咖啡的储存室里看到过密保诺塑料容器）。在苦苦思考字母M和N究竟应该代表什么时，我进入了梦乡。

5 那些为我们的安全保驾护航的人

感谢有你，使我免受食物带来的死亡威胁

这天早上，我花了两分钟时间，给朱莉读了一下我从网上看到的一些很可怕的疾病。

读完之后，我很笃定地告诉朱莉："我敢肯定我没得登革热。"

"那恭喜你啊。"

"而且我也没得河盲症。"

"嗯，太好了。"

其实，我是在用这些疾病来测试自己刚学到的感恩策略。

几天前，我的脚踝突然开始疼起来，所以自那天以来，我走起路来便稍微有些跛脚，可是我并不知道我的脚踝为何会痛。我猜想一定是人到中年，我的身体各部位逐渐开始出现问题，也就是到了制造商们常说的"常规磨损"的年纪。

而且近来，我发现自己的身体开始发出抗议，我身体的各个关节经常会发出咔嗒咔嗒或者砰砰的声音。有时从椅子上站起来，我就会听见自己的关节发出一些奇怪的声响，那声音听起来，就像是南部非洲布须曼人（丛林人）的方言一样。

但是这次，我没有启动常规的"抱怨模式"，而是试图换个角度来看待我身上的这点小毛病。于是，我今天早上便给朱莉读了一大堆疾病症状。不可否认，这是一种比较冒险的方式，因为孰是孰非完全取决于自己的思维方式。如果你平时喜欢捕风捉影，那你就会不自觉地对号入座，读着读着就会慢慢怀疑自己："唉，我该不会是得了风疹吧？"

但这种方法的效果对我来说却是立竿见影，它让我意识到，到目前为止，自己的身体健康无虞是一件何其幸运的事情。尽管我心里很清楚，在接下来的几年里，我可能要克服一些疾病的困扰。尽管我现在相对来说比较健康，但我不能对自己的健康问题掉以轻心。我要好好珍惜自己的身体。

这对我来说是一个挑战。一般来说，对一件好的事情心怀感恩（比如一次加薪、一顿美食），要比对一件坏的事情心怀感恩容易得多。其实，心怀感恩是我们的基本修养，无关事情好坏。

5 那些为我们的安全保驾护航的人

随后,当我和朋友威尔·麦卡基尔一起去酒店登记客房的时候,我的这个观点又一次得到了印证。威尔是一名伦理学哲学家,就职于牛津大学,我曾在之前的创作中采访过他多次。在和他的多次交谈中,我发现他几乎可以对任何问题给出自己独到的见解。

"你对什么心怀感激呢?"我问威尔。

"有时,我很感激自己拥有捍卫自己、表达自己的武器。"

威尔的答案出乎我的意料,但同时深得我心。这些从我们的肢体上延伸出来的工具,着实值得我们心怀感激,它们非常有用,因为我正在用其中一种工具表达自己的观点。

"那些没有发生在自己身上的事情,也是值得我感恩的。"威尔补充道。有时,我们很难重视这些工具或者武器的存在,但我们可以学着对它们另眼相看。

如果你试着追溯这条思路的逻辑终点,那么你最终会感激自己的存在。同样,要做到这一点也绝非易事,尤其是当你发现,自己没有时间在约书亚树国家公园过周末时。但是我发现,处理这个问题有一种十分有用的方法,那就是死亡警告,也就是提醒自己想一下死亡这件事。

自我读过关于死亡警告十分有趣的历史以后,我便对这种方法情有独钟。在古罗马时期,一个将军在参加胜利游行的时候,总会找一个奴隶和他一起站在战车上,不断在他身边耳语,提醒他不过是一个凡夫俗子,终有一死。死亡警告在文艺复兴时期也很受欢迎,很多古典绘画的背景中都含有头骨、钟表等意象,意在提醒世人生命短暂,不过弹指一挥间。

我从古典绘画里的头骨中获得了不小的启发,但我真的不喜欢这种整天盯着头骨的令人毛骨悚然的感觉。数年前,我偶然发现了一张画风明亮、带有喜庆迷幻色彩的头骨照片。这张照片被我保存在电脑桌面上,留存至今。

每次看到这张照片,我都会提醒自己要拥抱生活,少忧思,多宽容。我很不喜欢 YOLO 这个缩略说法,即"及时行乐"。因为这个词传递了一种错误的价值观,它为很多愚蠢的做法提供了一个完美的借口,比如当你看到一个人用棒球棒敲打别人的邮箱,那人打的旗号多半就是及时行乐。但是我却愿意相信这样一个缩略表达——"WOLO",即生命只有一次。我们应充分享受生活,并应尊重他人享受生活的权利,但不能逾规越矩,比如干扰美国邮政的正常运行。

接下来，让我们言归正传。实际上，咖啡与我对健康及死亡的观点有着密不可分的联系。因为咖啡不像我喜欢的多数食物和饮品，它对健康并无损害。一些研究显示，喝咖啡实际上有益于健康，我对此心怀感激。

你可以找到这样一份研究，其结果表明咖啡会降低几种癌症（膀胱癌、乳腺癌、前列腺癌和肝癌等）和阿尔茨海默病的患病概率。我甚至还发现，一项研究表明，适量摄入咖啡会降低人们的自杀率，不过我对这个研究结果半信半疑。

当然，网上也不乏关于咖啡负面影响的研究。研究显示如果一个人每天摄入超过两杯咖啡，就会引发失眠和胆固醇增高。当然，我们还能找到一些尚未定论的研究，其结果表明咖啡中的某种化学物质可能会致癌，加州一位十分热心的法官还认为，有必要用这项研究结果警告一下公众。即便如此，我仍决心接纳自己的这种证实性偏见，并坚持自己的观点，即总体来说，咖啡还是有益于健康的。

不过我认为，我还是有必要澄清一下自己的观点，那就是当我说咖啡有益于健康时，我指的其实是现代咖啡。几个世纪以来，咖啡和许多食物、饮料一样，都遭受了严重的污染，变得危害健康、令人反感。

历史上，咖啡品质的改善可能得益于诸多原因，但是在这里，我想特别感谢19世纪英国的一位名为亚瑟·希尔·哈索尔的科学家。《餐桌上的"食品恐怖"》一书，用一项精彩绝伦又震惊世界的研究，使世人看到了一个赤裸裸的烹饪历史。如果引用其中的话来形容，哈索尔就是一位"坚定的改革者，靠一己之力扭转乾坤"，让全世界人民的胃逃过一劫。

哈索尔的职业生涯始于解剖，那时的他堪称操控显微镜的艺术大师。数年来，哈索尔和他的科研同事们屡屡听到，关于食物腐坏造成不可挽回的惨剧的新闻报道，甚至还有新闻频频爆出，儿童因食用腐烂变质的肉类或农产品而死亡。于是，哈索尔拿起手中的武器——显微镜，将目光投向了英国人的饮食。从此，哈索尔成了烹饪行业的犯罪现场调查员，从他认为最具嫌疑的咖啡下手，着手调查。他悄悄地从伦敦34家不同的商店分别买了一杯咖啡，然后将显微镜对准了它们，哈索尔发现，镜头下的咖啡果然没有表面看起来那么悦目。

经过研究，哈索尔发现这34杯咖啡中，只有两杯不含杂质，甚至有几杯咖啡几乎全是由杂质制成的。众所周知，咖啡豆价格十分昂贵，某些咖啡店便在其中掺入一些便宜的辅料来降低成本，以此牟取暴利。

那么掺入咖啡中的辅料到底是什么呢？请诸位先给自己倒一杯相对安全的咖啡冷静一下，听我慢慢道来。下面，我将参考《左手咖啡，右手世界》一书，给大家列举一部分历史上常被掺在咖啡中的杂质：

杏仁、芦笋籽、烤马肝、大麦、甜菜根、麸皮、面包皮、啤酒厂废料、砖灰、烧焦的碎布、胡萝卜、鹰嘴豆、菊苣、菊花籽、煤灰、可可壳、蔓越莓、醋栗、蒲公英根、枣核、泥土、狗食饼干、接骨木浆果、无花果、小黄瓜、七叶树、洋姜、可乐果、扁豆、麦芽、落花生、桑葚……

其实这个列表是按照字母表的顺序排列的，而且从 A 一直排到 Z，剩下的我就不一一陈述了，但是个中含义想必诸位心中已经很清楚了。在这里我顺便解释一下，免得各位读者不知道"落花生"究竟为何物。所谓落花生，其实是起源于南美洲的一种草本植物，尽管我不确定落花生的使用成本对于咖啡馆来说是否真的有利可图，但咖啡商们似乎很乐于将它掺进这种使人着迷到失去理智的饮品。

其实,向咖啡中添加杂质还不算最可怕的,最可怕的是某些无良商人以次充好。大约就在哈索尔研究英国咖啡的同时,纽约市也爆出相关丑闻。一项调查发现,咖啡商一直在给劣质咖啡豆染色,使这些咖啡豆的颜色看起来更深一些。那他们用的染料是用什么制成的呢?砷和铅。正如《纽约时报》上刊登的文章标题所写的那样:"你之蜜糖,实为砒霜。"

而早在1850年,哈索尔也发表了一篇题为《咖啡也掺假》的文章,一石激起千层浪,这篇文章掀起了轩然大波。经过哈索尔的不懈努力,还有其他致力于研究各种食物掺假的改革者,这件事最终引起了政府的重视,英国议会也采取了行动,1875年,英国颁布了《食品与药品销售法》。美国政府也随之效仿,成立了相关的政府部门,这个部门最终演变成美国食品药品监督管理局。

于是我又不由得心生感激,感激自己出生于1968年而非1868年,毕竟那时的世界,一点也不美好。我坚信,对昔日荣耀的怀念多数都是幻象。我曾给一个杂志写过专栏,每月一篇的专栏文章中,我会向人们介绍过去几个世纪有多

5 那些为我们的安全保驾护航的人

么可怕——疾病大肆侵虐、社会动荡不安、政府冷酷无情、种族主义、性别歧视、街道臭气熏天、人民迷信落后,还有遍布的有毒物质。我写过当时的食物问题,写过当年的带娃手段(用鸦片使孩子安静下来),写过那时的着装(女人们要穿上使自己身体变形的紧身束腰衣),也写过以前的工作(18世纪的掏粪工,负责将住户粪池的粪便运走)。

毫无疑问,今天的我们面临巨大的挑战,但回顾过去是徒劳无益的,因为答案并不在过去。有时,当我感到心烦意乱的时候,比如空调运行时发出咯咯的噪声时,我就会不断地重复一句话:"做手术不打麻药。"这句话就像咒语一样灵验。记得之前,我第一次以第一人称的视角阅读关于18世纪手术的记载时,我做了好几天噩梦,在这之后,我确实少了很多抱怨。

▽ ▼ ▽

于是很显然,我要向那些不停奋斗的改革者致以崇高的敬意。是他们的不懈努力,使狗食饼干和煤灰等杂质从咖啡行业消失得无影无踪。是他们的坚持奋斗,为我最爱的咖啡开拓出一片净土。

现在美国设立了多家机构来保证我喝进嘴里的咖啡是安全健康的——食品药品监督管理局、海关部门等,但是我决定从我们当地的纽约健康和精神卫生局开始我的又一次感恩之旅。于是,我给副局长科琳·希夫打了一通电话。

"我想感谢您一直以来为我们的食品安全做出的巨大努力。"电话一接通我便说道。

"谢谢,这是我的分内之事。"科琳回答说。

科琳管理着一支检查员队伍,专门负责监督本市所有的2.4万家餐馆,根据餐馆的卫生情况分别评为A、B、C级。这些标准里没有F级,因为如果一家餐馆连续几次卫生标准都不合格,将会被强制关闭。去年一年,本市因卫生情况差而被勒令关门的餐馆就有近500家。

而在卫生标准方面,乔咖啡堪称表率,因为在咖啡馆前面的窗户上贴着一张醒目的蓝色A级证书。

我问科琳,身为纽约市顶级的食品安全专家之一,去朋友家吃饭是否会很尴尬。

"有好几次晚餐聚会的时候,人们都问我是否要给他们的厨房打分。"科琳回答说。

"那你会给他们打分吗?"

"不,我从来不给家庭厨房打分。"

科琳坦白说,她自己家的厨房可能都不符合城市卫生检查标准。一方面,在餐馆里,员工们通常不允许在厨房水槽里洗手。尽管如此,科琳表示,她家厨房的卫生标准还是高于家庭厨房的平均水平,因为她曾经上过一堂食品安全课,不过有几节课她还没去上。

"我洗手总是特别仔细,"科琳说,"连指甲缝里都要洗到。而且我洗水果也很认真,我吃瓜时会把瓜的外皮也先洗干净。"

纽约市的检查员们每天都会搜查那些细菌和啮齿动物多发的餐馆。其实各餐馆在卫生部门的网站上,可以自行找到所有规则,如果哪家餐馆打破了规定数量的规则,就会被降级。

比如,切菜板不能有刀痕或者凹槽,因为这些坑坑洼洼的地方就是细菌的温床,擦桌子的抹布必须经常用消毒液清洗,热食的保存温度不得低于60摄氏度。

一些检查员说,他们检查餐馆时,一进门必须直奔厨房——不做任何寒暄客套,以免给餐馆的工作人员可乘之机,趁机掩盖他们的罪行。

科琳表示这一套监督体系目前已小有成效，在过去十年里，检查力度较之前提高了70%，同时患食物传染病的人数急剧下降，例如，由餐馆卫生情况差引发的沙门氏菌病例就减少了一半。

"我发现现行的这种等级制度并不总是深受拥护，"我说，"一部分餐饮业的人对此就不以为然。"

于是，这项制度实施过程中便有了一段不愉快的小插曲。

"《纽约邮报》发表的那篇文章，就表达出了对这个制度的不满。"我接着说道。几年前，《纽约邮报》的一篇专栏就曾以卫生部门为例，抨击这种过度干预的监督制度。正如文章标题大肆鼓吹的那样，我们正生活在一个"由腐败堕落的执法部设立的检查系统"中。

《纽约邮报》在文章中控诉道，这些检查不过是为了满足那些贪得无厌的官僚主义者的私心——作者在文中将这种行为称为"健康纳粹"——他们看中的，是每年4500万美元的罚款。在这种高压态势下，餐馆是"做不出一流的菜肴的"。

《纽约邮报》还采访了几个对这项制度颇有微词的厨师

5 那些为我们的安全保驾护航的人

和餐馆老板,例如,丹尼·梅耶曾在推特上告诉自己的粉丝"不要在意 B 等级",想吃寿司,去吃就好了。他解释说,之所以寿司店会得 B 级,无非就是厨师制作寿司时拒绝戴橡胶手套。而厨师们则认为,橡胶手套会干扰他们的创作艺术,同时橡胶还可能破坏生鱼片那种微妙的口味。

当我提到《纽约邮报》时,科琳停顿了几秒钟,我能感受到她说话的语气冷了几分。科琳表示自己不想与反对监督制度的狂热分子花费口舌,她没有正面回答我的问题,只是表示卫生部门的目标就是力求让每个餐馆的卫生标准都达到 A 级。

挂断电话之后,我给卫生部门发了一封电子邮件,询问我是否可以随同他们进行一次卫生检查,并且表达了自己想当面感谢检查员的小小心愿。

"抱歉,请恕我们无法同意您的请求。"发言人在回信中写道。

哦,读完回信我顿时觉得脸上火辣辣的,于是我以一种居高临下的姿态给她写了一封回信,在信中向她解释为何人们都不喜欢政府部门,因为她奉行的保密规定,在人民看来愚蠢至极且适得其反。"你们真应该好好学学环境保护局,人家就带我参观了给纽约市供水的水库。"

在点击发送键之前,我犹豫了,我这样发泄自己的愤怒是正确的吗?很显然,我的道行还浅着呢!看来我的感恩之行想要实现涅槃,道阻且长啊。我的易怒概率还是在50%以上,我不应该因为一次小小的碰壁就勃然大怒。

想到这里,我删除了这封回信,但我心里还是觉得这位发言人的做法欠妥。其实我并不认同《纽约邮报》上的观点,我也并不抵触执法部门,相反,我对它们可以说是心怀感激。我认为政府确实应该对各个领域进行适度合理的干预,但不应成为经济正常运营的掣肘。

▽ ▼ ▽

我的这种想法在几天前得到了印证,一个朋友给我发来了一篇文章,题目是《铅笔的自述》,这篇文章是一位名叫伦纳德·E.里德的自由主义学者于1957年写的。

初读这篇文章,我大为震惊,因为作者的思路似乎与我正在进行的咖啡项目如出一辙——遗失的感恩与咖啡因。作者以第一人称的口吻,从一支铅笔的视角,细致地刻画了制造一支铅笔需要耗费的人力、物力，比如制造铅笔杆需取材于雪松，铅笔尾部的橡皮则需要用到橡胶。"想想制造一支小小的铅笔要动用数不胜数的技能，开采矿石，冶炼钢铁，再将其加工成锯子、轴、发动机；伐木场要有床铺，有帐篷，要做饭，要消耗各种食物。"

读到这里，我的第一反应就是："嘿！这个作者怎么剽窃了我的观点呢。"

但不可否认，我们两个的项目确实十分相似。但是继续读下去，我渐渐发现，在其他方面，我们两人的观点可以说是截然相反。

《铅笔的自述》一文的主要论点，是政府不应干预资本主义这台机器的流畅运行，这篇文章在为自由市场经济大唱赞歌。不出所料，这篇文章的前言正是由倡导自由放任资本主义者眼中的超级英雄——米尔顿·弗里德曼写的。弗里德曼写道："当世界上找不出一个拥有生产一支小小的铅笔所需的所有知识和技能的人，这时，经济便很难被'计划'了……如果你能深刻地理解一支小小的铅笔背后所蕴含的奇迹，你便能挽救可悲的人类正逐渐丧失的自由。"

所以，《铅笔的自述》一文表达的观点便是：通过追溯产品不同部分的来源,你就会理解为何政府不应干预经济。但是对此,我却持相反的态度。我发现,对一支铅笔或者一杯咖啡进行追根溯源,恰恰能够说明我们需要这些精明睿智、深思远虑的政治家来为我们提供便利。

我拥护资本主义,因为我认为这是人类迄今为止所能找到的构建社会的最佳方式,但是对于自由放任资本主义,我却不敢苟同。俗话说,没有规矩不成方圆,我认为我们的社会需要规则的制约。我赞成使用"超我"来约束市场利益驱使下人们内心产生的本能冲动,我也赞成用长期思维来制衡股东们对即时利益的渴望。但是我认为我们也需要基础设施来确保生产出的铅笔和咖啡安全地送到我们的手上,同时我也认为我们需要高度协调,以防我们生活中出现铅漆玩具,餐桌上出现含沙门氏菌的牛排,以及我们因过度依赖化石燃料而把自己烧得面目全非。

别误会,我只是认为我们政府的工作还有很大的提升空间,我也并不推崇现任政府,并且我认为现行的法规不仅有的十分晦涩难解、不合情理,而且有相当一部分早已过时,比如针对餐馆的一些相关规定。

但是我们确实需要政府,所以我想感谢美国政府以及每一次政府间和平安定的权力交接。虽然我从未承认过,但我不得不说政府的作用实在是太令人惊讶了,所以我要感谢政府的存在,感谢这个不甚完美但又神圣不可侵犯的三权分立制度。

6 关于运输工具的那些你不知道的事

感谢有你，不远万里送我的咖啡来与我相遇

从我住的公寓到乔咖啡不过四分钟的路程，这四分钟里，我只消走过两个街区，经过一家熟食店和一个理发店就能享用美味的咖啡。

而将咖啡豆运送到乔咖啡，却要费一番功夫。

"一想到咖啡豆要跨越千山万水才能到我们的杯子里，我心里的惊喜之情就油然而生。"艾德前几天跟我说道。

一直到我喝进嘴里的那一刻为止，这些咖啡豆其实已经穿过赤道，跨越2500英里，足足奔波了9个月。它乘过摩托车、卡车、轮船、货车、托盘车、叉车，也经过人们的肩挑背扛。它曾被装在水桶里、袋子里甚至一个小型公寓大小的金属容器里。它曾掠过树梢，也曾降到谷底，它停靠过码头，穿越过海关，也曾被装进仓库，还被装在平板车上经受

路途颠簸。

它就像一个小小的,使用了咖啡因的《极速前进》参与者。

我真的要感谢许许多多参与咖啡豆运输这场马拉松的人,我知道这很难做到,但我还是想向他们表达我发自内心的感谢。

我决定从卡车司机入手。于是我租了一辆车,独自驾车前往新泽西,经过托马斯·爱迪生休息站(这个休息站的名字让我不禁想感谢一下这位发明了灯泡的发明家,正因为有了灯泡,乔咖啡才能终日灯火通明,尽管这位发明大王曾用狡猾甚至略显卑劣的手段打压另一个发明家尼古拉·特斯拉),我将车驶入克里夫顿镇的一个巨大的停车场。

这个小镇就是建立美国精准物流的地方,镇里有几十辆18轮的大卡车。此时,多数卡车都外出参与运输了。这些卡车就负责将乔咖啡使用的咖啡豆从港口运往泽西岛上的仓库。在停车场,我遇到了公司的副总裁肯尼·摩纳哥和一个当地居民。

"谢谢你,"我对肯尼说道,"我只是想告诉你,没有你,我每天早上就喝不到香浓美味的咖啡。"

"真是个有趣的想法，"肯尼说道，"我之前见过有人去商店问，'这里有微波炉吗？'店里的伙计回答说，'有啊，在后面放着呢。'当然，那些微波炉不会凭空出现在店里，肯定是有人放在那里的，而把微波炉送到那里的人，就是我们。被人认可真是一件令人开心的事。"

其实肯尼他们不常运送大批微波炉，他们公司主要运送咖啡和地砖。说实话，肯尼的观点确实不无道理。

除了7岁那年我对通卡玩具车有过短暂的迷恋，迄今为止，我生命中的大部分时间对卡车都是不屑一顾，甚至略感嫌恶的。它们行驶起来总是带着震耳欲聋的轰鸣，像是耀武扬威般自卖自夸，每天早晨我都是在这种刺耳的呼啸声中无奈地睁开睡眼。当我行驶在公路上时，卡车要么使我恼火不已（为什么我要跟在这么一块破铜烂铁后面爬坡），要么令我焦虑不安（这辆卡车不会突然冲到我眼前这条车道上，然后把我撞进沟里吧）。

但是在今天开车去新泽西的路上，我便开始试图转变自己的看法。如果我还想继续享用咖啡，或者我最爱的草莓、活页式笔记本、西洋双陆棋，那我必须拿出一个容人的雅量，放下对卡车的成见，毕竟我不能一边对卡车深恶痛绝，一边又指望着它为我提供服务，这就太不像话了。我要对卡车还有卡车司机心怀感激，至少在亚马逊的无人机取代人工物流之前，我都应打心底里感谢他们带给我的便利。

我告诉肯尼，我正努力改变自己对卡车的看法。

他点头表示认同："你有没有发现这样一种车尾贴，'美国是坐在卡车上的国家'。这话说得一点儿也没错。"

▽ ▼ ▽

我离开了这个卡车集散地，继续驱车行驶，开了大概半个小时，我来到一栋米色的矩形建筑前，这栋巨大的建筑就是大名鼎鼎的陆港咖啡库。

"谢谢您为我喝到咖啡做出的贡献，同时也要感谢您百忙之中来见我。"我向仓库经理问候道。仓库经理叫安迪·特科维茨，我是在他办公室前见到他的。

"您想去里面参观一下吗？"

安迪一边问着，一边伸手打开了一扇钢铁制的大门，我便随着他的指示走了进去。我惊叹道："我的天啊！这也太疯狂了吧！"

令我如此大惊失色的,是映入我眼帘的堆积成山的咖啡豆。请诸位先想象一个装着150磅重咖啡豆的麻袋,接着,请想象一下若干个这样的麻袋堆成了一座15英尺高的小塔,最后请想象一下成百座这样的小塔,一座座挨着,林立在四个足球场大的空地上。麻袋上贴着标签,用于标明咖啡豆的产地:厄瓜多尔、新西兰、埃塞俄比亚……产地涉及世界各地。

后来,我粗略地计算了一下:这座仓库里共存放着47万袋咖啡豆,每袋都有150磅重,如果每一颗咖啡豆都能物尽其用,那这里面的咖啡豆能制作30亿杯咖啡,这个数量可以满足纽约所有警察局的工作人员300年的咖啡需求。

这个仓库是我研究咖啡豆与我相遇之旅的重要一站。这些豆子是从哥伦比亚航运来的,先是被送到泽西岛上的港口,随后在港口装车被送到这个仓库。在这里,豆子们可以美美地放松几个月,之后,它们便会被装上卡车,送往位于布鲁克林的烘焙工坊。

"这边走。"安迪说着,带我沿着麻袋塔之间的一条小小的过道继续往前走。突然,一辆叉车响着警报向我们驶来,于是我们顺势躲在一堆袋子后面为它让路。"你肯定不想还没开始写书就挂彩吧。"安迪开玩笑说。

仓库里很喧闹,不光是因为叉车的警示声不绝于耳,还有扇叶像冲浪板一样大的鼓风机的呼啸声和卡车驶回海湾时发出的轰鸣声。

但所有的这些噪声,都掩盖不了空气中弥漫的馥郁香浓的气味。这种气味几个街区外我就闻到了,而且当时我的车窗还是紧闭的。"你很幸运,没有想写一本关于巧克力的书,"安迪告诉我说,"可可豆仓库里的味道,可是会熏得你的眼睛直流泪。"

这间仓库里一共有35名员工,多数都是男性:有的工人正在将麻袋装到货盘上,有的工人则在清扫撒在地板上的咖啡豆,有的正在用透明塑料袋打包咖啡豆,还有的正在用一个跟我家厨房一样大的秤在给麻袋称重。

这里的工人忙什么的都有,唯独没有人喝咖啡。安迪略带歉意地向我解释说没法用咖啡招待我了,因为他们最近正在改造办公室,所以咖啡师去了另一间仓库。我不禁想,周遭全是咖啡堆成的小山,自己却一滴咖啡都喝不到,这也太惨了。

安迪留着一头棕发,身穿一件白色短袖衬衫,他出生在

6 关于运输工具的那些你不知道的事

布鲁克林,父亲是一名药剂师,他的祖父曾是大名鼎鼎的黑帮头目梅耶·兰斯基的挚友。虽然我对这段友谊无比好奇,但我还是决定不寻根究底了,安迪最初做的工作,是清理投币糖果机里的硬币。

安迪喜欢跟员工拉家常。"你是什么时候开始在这里工作的?"他问一个正在和叉车操作员一同工作的灰发伙计,"什么时候开始的呢? 1850 年?"

安迪顾长的身形让我联想到了现代版拉尔夫·卡拉门登[①]雕像。如果非要让我选一个形容词来形容他,那就是应接不暇,但他似乎很享受这种感觉。

首先,安迪整日被一大堆订单重重包围。"你收到我刚发给你的那份追加订单了吗?"我们一边走着,他一边打电话向他的一个助理确认道,"那份订单一定要发出去,兄弟,那家伙真是害惨我了。"

不仅如此,安迪还要为一些人粗枝大叶的工作焦头烂额。"看到这些袋子了吗?都是打包得不合格的。"接着,他又指了指一堆看起来摇摇欲坠的袋子,这些袋子堆得就像一座巨

[①] 拉尔夫·卡拉门登是电视剧《蜜月期》(*The Honeymooners*)中的主人公——一位公交车司机。

大的叠叠乐玩具，安迪用力地把其中一个袋子向左推了推，使这些袋子堆得更稳固一些。

另外，安迪还要与供应商们打交道。"我现在正和给我们供应叉车的公司进行一场神圣的战争。"

更荒谬的是，安迪还要绞尽脑汁地与害虫斗智斗勇。"飞蛾真是令我们头疼，好在我们有这个发射信息素的东西。"安迪指着墙上的一个白色的小盒子给我看，"这种信息素会干扰飞蛾交配，使它们只进行同性交流，从而无法繁殖后代。"（作用原理是我后来从网上查的，但这个白色的小盒子确实就是这么起作用的。）

当然，安迪也要同客户打交道，但其中一些客户真是令他苦不堪言。例如，有些客户只要某些精品咖啡——如果这些客户经营的是一些大型连锁店还好，偏偏他们多是一些规模较小的商家，而且只要相同的袋子。这些精品咖啡的买家经常拿着一张单子满仓库转，"他们就像在杂货店买东西一样，一袋一袋地挑。而且我们还不能用钩子把他们挑好的咖啡豆弄出来，因为他们担心这样会把袋子弄坏。所以我们只好动用人力，把摆在上面的袋子一个一个地搬开，这样的客户简直要把我逼疯了。"

6 关于运输工具的那些你不知道的事

其实,安迪认为我们可能正处于这种精品咖啡的经济泡沫里:"我觉得精品咖啡就像当年红极一时的宠物石一样,我的意思是,精品咖啡再夺人眼球,又能开多少家精品咖啡店呢?"

我问安迪,想到在他管理之下的这个仓库给数百万人带来了快乐,他是否会觉得自豪。安迪看着我,眉毛拧成了一个疙瘩,那样子好像我刚刚问的是,他是否愿意出家,做一个每日打坐冥想十小时的和尚。

"嗯,我换个问法吧,"我说,"有什么事情是让你心怀感激的吗?"

"我很感激我的薪水。"安迪笑着回答说。

好吧,看来安迪不是那种多愁善感的人。

随着我跟安迪继续沿着过道向前走,我不断向忙碌在仓库各处的人致谢:"谢谢您让我喝到了咖啡!"闻此,那个扫地的工人向我点头致意,那个用塑料袋打包咖啡豆的工人则向我竖起了大拇指,还有那个往容器里装咖啡豆的工人,他冲我挑了挑眉毛。

一个操控叉车的工人问我:"嗨,你想过来体验一下我的工作吗?"

115

我赶紧看向安迪,试图征得他的同意,他摇摇头,没有同意,毕竟这事涉及保险问题。

▽ ▼ ▽

回到家后,我又把注意力转向了货盘,不管是在仓库,还是在卡车停车场,我都看到很多货盘,这些货盘的托盘都有桌上足球机大小。工人们将咖啡豆一袋袋地装在货盘上,然后这些货盘被装到卡车或轮船上。

我之前从没仔细研究过货盘,所以我决定好好调查一下这种运输工具。都说不看不知道,一看吓一跳。果然,货盘承担的贸易量十分巨大。几年前,*Slate* 杂志还曾发表过一篇与货盘有关的文章——《全球经济的重头戏》。这可能是关于航运物流的文章里,最夸张的 50 个标题之一。

但这确实是一篇好文章,而且文中所表达的观点也可谓不刊之论:货盘可托万物。如果你正在读我这本书的纸质版,那这本书到你手上之前很可能也享受过货盘上的一游。如果你正用手机或者电脑读这本书,那你的手机或者电脑肯定也坐过货盘。你身上穿的长裤或者短裙,在运输过程中无一例

6 关于运输工具的那些你不知道的事

外也都用到过货盘,任何你能想到的东西,早上用的牙膏、洗洁精,甚至乘客,没有什么是货盘不能运的。

撰写这篇文章的人汤姆·范德比尔特是这样说的:"作为一种几乎被人看不见的物体,货盘可以说无处不在。据说在全球供应链上流通着数十亿个货盘,美国80%的交易品都是放在货盘上运输的,它们的应用范围十分广泛。据估算,它们耗费的木材量占美国的硬木总产量的46%以上。"

货盘每年可以节省数十亿小时的工作量,而且货盘的设计十分巧妙,方便叉车连盘带货一同叉起,无须中途卸货。同时,货盘可以堆叠得十分紧密,最大限度地节省卡车或者仓库的空间。

最重要的是,货盘还曾被誉为战争英雄。二战时期,同盟国就曾用这种新型工具在世界范围内运送食物和弹药。所以谢谢你货盘,谢谢你为今日的民主世界立下的汗马功劳。

我记下了方才在仓库里看到的货盘的品牌,这些货盘都是由新泽西的一家名为吉梅内斯货盘的小公司制造的,于是,我拨通了这家公司的电话。

"您好,请问您是拉斐尔·吉梅内斯吗?"我问道。

"您好,是我。"他操着一口浓重的拉丁口音回答道。

"哦,太棒了,其实我打电话是想对您表示感谢。"

"谢我什么?"

"我是一个作家,最近我正在感谢所有为了我能喝到咖啡而做出贡献的人,贵公司生产的货盘负责了其中的部分运输工作,所以我要感谢您。"

"客气了。"拉斐尔回答说。

他的声音听起来波澜不惊,于是我心里不由得想,我这通电话到底是给对方带来了欢乐,还是唐突了人家。

"我可以问您一个比较严肃的问题吗?您是为收到我的感谢而开心,还是觉得我的这通电话打扰了您的正常工作?"我问道。

闻言,拉斐尔的态度瞬间缓和:"您言重了,很高兴您打来这通电话。"

"听您这么说我就放心了。"

"您真是个好人,非常感谢您专程花时间打电话来向我表示感谢。"

除非他在表演方面和制作木制托盘一样天赋异禀,否则我真的觉得他发自内心高兴。

接下来,我又给百汇灭虫服务中心打了电话,它专门负责为仓库杀虫驱虫。接电话的是一位女士。

"我知道我的话可能听起来很奇怪,但是我想谢谢您。"

电话那头沉默了许久,然后回答说:"谢谢,请您继续。"

我向对方解释了一下我的项目,最后还不忘加上一句"所以……谢谢您。"

"不客气,"她笑着回答说,"这是我们的荣幸。"

"多亏了你们,我从来没在我的咖啡里发现任何虫子或者老鼠,真是太感谢了。"

"听您这么说我也很高兴,也谢谢您,您点亮了我一天的心情,今天一整天,我脸上都会挂着微笑。"

我挂断了电话,心里高兴到了极点。

打电话之前我心里惴惴不安,但其实我的脸上一直带着一朵漂亮的小红云。我生怕对方以为这是一个恶作剧电话,这种想法与我中学时和朋友一起打电话的意图截然相反,而且这些电话也在刷新着我的总数——我已经向526人表达了感谢。

一不做二不休,我决定给向货盘制造商提供木材的木材公司打一个电话。于是我又给拉斐尔打了一个电话,询问他们的木材是从哪里买的。

"抱歉我正在工作,稍后我会用邮件发给您。"拉斐尔直截了当地说道,然后挂断了电话。

好吧,听他这么一说,我可以确定我真的是在浪费他的时间,而且他再也没有给我发过邮件。

隔天,我和朋友布莱恩外出吃午餐,我告诉他我最近正在为感谢那些为我运送咖啡的人而焦头烂额。"比如码头工人、卡车司机等。"我说。

布莱恩回答说:"那么你要去感谢那些把冰毒卖给卡车司机,使他们能通宵驾驶的毒贩吗?"

这句话如当头一棒,使我幡然醒悟。

布莱恩的话确实有些难听,但他说的不无道理。这让我想到了一个有趣的问题,那就是并不是每一个帮我喝到咖啡的人都是好人,或者说,他们当中至少不是每个人都在做着有益于社会的事情。有些人可能在大搞破坏,使很多人生活在水深火热之中。这些人中可能有骚扰下属的领班,可能有腐败官员,可能还有为精准物流公司的卡车提供汽油的埃克森美孚公司的主管,这些人利欲熏心,一味地追逐利益,而将我们赖以生存的大气置之不顾,使全球气温升高,严重威胁了我们和子孙后代的生存。

那么……埃克森美孚公司的首席执行官值得我的感谢吗？我迟疑了，所以我给我心中的感恩专家——心理学家斯科特·巴里·考夫曼——发了一封电子邮件。斯科特当日就回复了我的邮件，他在回信中写道："这是一道多么美妙的难题！我多么希望我的课还没有结束，这样我就可以让我的学生一同来解答这道题了。您这个问题的答案，同下面这个问题的答案有异曲同工之妙，所以我暂且将这个问题写下来：我应如何对我的敌人心怀怜悯与慈爱？我觉得您可以对在某种程度上帮助过您的人心怀感激，希望能够减轻这个人的痛苦。比如，如果埃克森美孚公司的首席执行官能够控制内心的不安与敌意，那他就不会那么贪得无厌、唯利是图，相反，他会更加关心自身发展与人道主义。如此一来，不仅他自身的痛苦会减轻，世界也会变得更加美好，可谓一举两得。"

▽ ▼ ▽

我很赞赏斯科特对埃克森美孚公司首席执行官挣扎的内

心世界的同情，但是我很好奇，他是否对这位首席执行官能够良心发现抱有太大的希望。于是，我决定将感恩与行动相结合。我打开了埃克森美孚公司的官网，写了一封电子邮件。

亲爱的首席执行官达伦·伍兹先生：

您好！

非常感谢贵公司为运送咖啡豆的卡车提供了充足的汽油，使美味的咖啡能顺利地被送到我的面前。在此，我向您以及您的员工的辛勤工作致以崇高的敬意。

我爱咖啡如命，希望每日都能有咖啡相伴。

可我更希望人类世界对化石燃料的过度依赖而造成的气候变化，未来不会伤害到我们赖以生存的地球，不会使得咖啡豆无处种植。所以，我希望我们能以一种更积极的态度看待并接受替代能源。

最后，再次向您表示我最真诚的感谢，谢谢您为我能够喝到咖啡做出的贡献！这杯咖啡因您的付出而更加香醇。

祝您身体健康，工作顺利！

A.J. 雅各布斯

当我点击发送键的一瞬间,我突然意识到我可能写了一封有史以来最不友好的感谢信。亲爱的达伦·伍兹先生,那句感谢是发自内心的,同时希望您做出改变,我也是认真的,我仍在等待您的回复。

7 说说一个你不知道的加工商

感谢有你，使所有的原材料唾手可得

其实，埃克森美孚公司的汽油是让我能喝到咖啡所需的数十种原材料之一，比如，我们还需要木材来制作纸杯，需要橡胶来制作卡车轮胎，需要铜来制作烘焙机里的金属线路等。

以上所需的原材料，多数都是由像埃克森美孚公司这样的加工公司从地球上提取出来的，而这些公司可能从来不会将人类福祉放在首位。它们多是为了牟取暴利，不惜做出许多不明智、目光短浅的事情。

但是这些公司里往往有成百上千个辛勤工作的员工，他们碌碌终生，不过是为了安安稳稳地过日子。这些辛劳的人值得我向他们道一声感谢，这也是我要去位于印第安纳州的伯恩斯港，参观美国目前正投入使用的最大的钢铁厂之一

的原因。在接待处，我全副武装，穿戴上了必要的防护装备——头盔、防火衣、耳塞和一副白手套。

"这一天下来，这副手套会变成黑色的，"厂里指派给我的导游拉里说道，"因为您要帮我们清理楼梯扶手。"

拉里是一个高高大大的男子，留着一头灰发，脸上总是挂着大大的微笑。他走起路来大步流星，安全帽上的美国国旗也随着他的步伐上下跳动。他追随着父亲和祖父的脚步，将自己全部的青春与热血都献给了这家工厂。

就像拉里说的，钢铁无处不在，从母亲开始孕育我们，至我们走进坟墓，钢铁可以说与我们的一生都息息相关。当我呱呱坠地的时候，医生将我放在一架钢铁的天平上为我称重。当我撒手人寰的时候，我可能会躺在一个衬钢的棺材里下葬。

而且咖啡的制作也离不开钢铁，运输咖啡豆的轮船、火车还有卡车都是由钢铁制成的。另外，运输途中遇到的停止标示牌、桥梁，还有码头，它们的建设都需要用到钢铁。不仅如此，咖啡勺、咖啡烘焙机、冰箱以及汤匙的制作也离不开钢铁。这个工厂的主人——卢森堡/印度公司安塞乐米塔尔——拥有世界上最大的钢铁厂，凡是在路上行驶的汽车几

7 说说一个你不知道的加工商

乎都用到这家工厂生产的钢铁,所以这家工厂绝对在我每天早上享用的咖啡里扮演了一个举足轻重的角色。

我们向工厂正式进发之前,拉里的同事向我们说了一句耐人寻味的话:"永远、永远、永永远远不要在钢铁厂里奔跑,除非你看到拉里跑起来了,那就跟着他拼命地跑。"

我们沿着一条满是泥潭的路向车间方向行驶,一路上,我对这座工厂的占地面积感到惊讶不已。我们经过一座座煤炭堆成的小山,经过一片堆满钢卷的空地,远远看去,就像一大堆巨大的管道胶带。随后,我们进入一栋巨大的建筑,里面有一架庞大的起重机,上面吊着一个我家卧室大小的桶,桶里装满了滚烫的橙色钢水,桶一倾,钢水便流进熔炉。

"其实,我们也是这么把咖啡倒进杯子里的。"拉里说。

我没有细究所有的技术细节(主要是因为我对这些技术都不了解),但是炼钢的基本过程我已大概心中有数:把从明尼苏达州运来的铁球团与石灰岩、熔渣和焦炭(一种木炭)混合,将其加热到4000摄氏度以上。

钢水温度非常高,需用特殊的砖砌的容器来盛放——顺便说一句,这些砖是从中国进口的。冷却后,将其铸成钢板或者钢条,然后送到汽车制造厂和洗碗机制造厂。

在接下来六个小时里,我的感官受到了强烈的冲击:我看到了飞溅的火星和喷涌的水,我听到了一连串的矩形钢板——每块的尺寸都像一个超大床垫——顺着传送带运走时发出的声音,我看到负责看管熔炉的工人穿着类似 20 世纪 50 年代科幻电影中的白色太空服的防护服。我还遇见一个女士,她的工作就是每天 8 个小时一直盯着一卷卷钢板,在钢板经过时寻找上面的瑕疵和凹坑。

午饭时,拉里带着我去了一间会议室,会议室的桌子上放着一个三明治托盘。我问他是否能当面感谢几个钢铁工人,而其中三个工人已经同意见我,一个叫乔·西罗基,他是一名维修工,身体健壮,已经在工厂里工作 42 年;另一个工人叫帕特·费希尔,是一个留着灰胡子、穿着格子衬衫的电工,已经有 43 年的司龄;最后一个是香农·邓肯,是个起重机操作员。

"香农,你在这里工作多久了?"我问道。

"我在这里已经工作 20 年了。"香农回答说。

"菜鸟一个!"帕特笑着说。

"是啊,和他们比我还嫩着呢。"香农说。

香农留着一头棕色的齐肩短发,身穿牛仔裤,脚上蹬着一双棕褐色的工作靴。香农曾经做过牙医助理,现在她和她的丈夫跟四只德国牧羊犬一起生活。

我问香农她对自己这份工作的看法,香农表示自己一整天都坐在一个连在墙上的起重机驾驶室里,要想吊起那些6万磅重的钢圈,香农要同时操作三个控制箱——两个用来控制起重机,一个用来升降吊钩。

"很多时候,我都要在短时间内处理多重任务。"香农说道,"具体任务视情况而定,有时我要在灼热的高温下工作,有时又会在冷飕飕的低温中工作。有时钢圈的温度高到甚至可以做熟饭,这绝对不是比喻,而是事实。"

"有一年感恩节,我们还把火鸡放在一个钢圈里面烘烤,"香农说,"烤出来的火鸡是樱桃红色,十分诱人,味道也很棒,可谓色香味俱全。"

这令我有些惊讶,因为工厂里时常弥漫着硫黄的气味,而且这种气味经常会渗透到钢铁工人的头发和衣服上,一出汗便会顺着毛孔散发出来。"这种味道经常好几天都消散不去,"帕特说,"不信你可以去问问我老婆,或者问问香农的狗也行。"

工厂里还弥漫着另一种气体—— 一氧化碳,这种气体无色无味,但是却暗藏威胁。每个在钢铁厂工作的工人都会在衬衫的肩膀处别着一氧化碳检测器,看起来就像一个小型对讲机。香农和乔都表示,他们都曾因一氧化碳中毒在床上躺了好几天。

"那滋味比重流感还要难受。"香农说。

"用一个词形容就是'头痛欲裂',"乔接着说,"就像最严重的宿醉一样。"

对于一氧化碳的潜在威胁,他们脑子里一直绷着一根弦。

"每天早晨,"帕特说,"我都要仔细观察一下今天的风向,如果一氧化碳泄漏,我要知道得往哪个方向逃生。"

与此同时,我注意到房间里两个公关人员脸上的笑容逐渐凝固,那样子好像他们闻到了一丝硫黄的气味。

我心里知道,稍后,公关人员便会向我强调,他们将尽一切可能防患于未然。能听到这样的话真是太好了。如今,从事钢铁行业的风险要比几十年前小多了,那时在钢铁厂工作的人们,缺胳膊少腿是常事,甚至有的还会不慎失去性命(拉里的祖父就是因为被卷到钢铁机械里而意外丧生的)。在过去30年里,这家工厂的伤亡率降低了94%。

这个数据的取得,得益于工厂对工人更大力度的安全培训和工厂里随处可见的安全警示标志。目之所及,全是警示标语——高压危险,谨防倾覆,一看二听三通行,三思而后行。铁轨旁甚至还保留着一辆被撞得稀巴烂的红色货车作为警示,因为这辆货车就是因为司机没有谨慎行车,被迎面驶来的火车撞毁的。

我问香农、乔还有帕特,他们最喜欢这份工作的哪一点。

"我一点也不因为自己在这里工作而心怀怨怼,"乔回答说,因为他之前曾考虑过去飞机制造厂上班,"这份工作不仅足够我供两个孩子上大学,还帮我买了车子、房子等我想要的东西。"

香农则提到了这里的友谊:"没有什么比跟我的团队一起合作更让我开心的了。"

并且,他们发自内心地以自己的劳动为荣,每当看到某座桥上有一根横梁时,他们都会在上面仔细寻找工厂的标志,看这根横梁是不是出自他们之手。"我婆婆住在佛罗里达,她的那栋房子里就用到了伯利恒钢铁厂生产的钢材。"香农说(安赛乐米塔尔的前身就是伯利恒钢铁厂,只不过后来被收购了),"她车库里到现在还有一个伯利恒钢铁厂生产的箱子,我跟她说'这个箱子别扔,我要把它保存下来'。"

午餐结束后，我向他们表示了感谢，感谢他们让我喝到了咖啡。

"不客气。"乔回答说，接着他又邀请我留下来跟他们再聊一会儿，但是公关人员没有同意，他们不想让我过多谈论一氧化碳泄漏问题，于是提醒我该离开了。

"我们一直都在这儿，你随时可以回来，"乔说，"下次来让香农给你烤火鸡吃。"

▽ ▼ ▽

回到纽约后，我又盘点了一下，我离1000这个数字越来越近了，我觉得目前为止，自己应该传播了一些善意和正能量，但我仍担心自己的感恩最终会演变成自满。

"我想知道，是否有这么一种方法，能使我的感激之情对这条咖啡链上的人有些许帮助。"我问朱莉。

"如果你真想做点什么，"朱莉回答说，"你可以坚持一年不喝咖啡，然后把省下的钱捐给慈善机构。"

一年不喝咖啡？这是一个好主意，但这个想法也让我心生畏惧，我真的应该放弃咖啡吗？放弃喝咖啡这个我最心爱

7 说说一个你不知道的加工商

的日常仪式吗？怀着这个疑问，我又一次给牛津哲学家威尔·麦卡基尔打了一通电话，就这个道德方面的问题征求他的意见。

"其实，你可以就你不应该放弃咖啡这个问题提出一个很好的论点。"威尔说道。

"谢天谢地。"我松了一口气。

"这个论点就是，身为一个典型的美国人，你不可能背井离乡，到一个发展中国家去做圣人。明确了这一点，你怎么确保自己在这个基础上做到最好？一种方式就是在一些不太昂贵的东西上面适当挥霍一下，以求在这个过程中获得乐趣。比如你平时没在咖啡上花多少钱，那么你对待咖啡可以适当挥霍一些。但是对于像汽车、公寓这样的高消费物品，你就应该适当地少花些钱，把余下的钱捐给慈善机构。"

"我喜欢这种方式，"我说，"这就是我们常说的小钱大花，大钱小花。"

"是的。"威尔回答说。

如此说来，只要我努力减少大件商品的消费——在纽约市生活，我们根本用不到车，而且我也不需要什么花哨的衣服，我就可以心安理得地享用咖啡了。于是我向威尔保证，尽管我还是会保留自己喝咖啡的习惯，但我会努力变得慷慨一些。

"也许，我也应该向与咖啡有关的慈善机构捐款？"我对威尔说，"比如给南美的一个农民公社，或者与水有关的慈善机构捐款？"

闻言，威尔迟疑了片刻。关于捐款的道德规范问题，我相信威尔比世界上任何一个人考虑得都要全面，研究得都要细致。威尔是有效利他主义运动的创始人，所谓有效利他主义，即严格地计算出，以同样的代价，哪个慈善机构能够惠及更多的人群。这是拯救世界的金手指，是人性的同情心与冷冰冰的数据运算的完美碰撞。

在威尔看来，我不应该向慈善机构捐款，因为这与我目前从事的咖啡项目并无必然的联系，就像我不能因为喜爱贝多芬，就给贫困儿童的音乐学校捐款。相反，我应该切中要害，即我应去寻找对多数人来说最有益的慈善机构，就像在非洲的驱虫运动中，最有效的远离虫害的方法就是挂蚊帐。

给出这个建议后，威尔又表示，他知道确实有几个与水相关的慈善机构做得很不错，其中一个叫安全饮水机。那周晚些时候，我捐了一笔钱，数目相当于我每年喝咖啡花的钱。

另外，威尔严格的道德规范还促使我做出了另一个改变：我不再使用咖啡店提供的一次性纸杯，而是用我的钢制水壶来装咖啡。我知道你们想说什么，给奥斯陆的诺贝尔奖委员会打电话，给他们提提醒。但至少这么做让我感觉自己没有那么无能为力，因为气候变化对咖啡种植的影响愈演愈烈，这样做是最符合我的长期利益的。

今天，在去开会的路上，我带着水壶，在市中心的一家咖啡馆里买了一杯咖啡。

"请给我一小杯咖啡，谢谢。"我对咖啡师说。

"好的。"他回答说。

"哦，请您把咖啡装到这个杯子里可以吗？"我把水壶举起来给他看了看。

"没问题。"

那个咖啡师本来已经往纸杯里倒了一些咖啡，听了我的话，立刻把纸杯里的咖啡倒进我的杯子，顺手把纸杯扔进垃圾桶。很好，又浪费了一个。

于是我又学到一个道理：事关气候变化，磨蹭不得。

8 那些可爱又可敬的农民

感谢有你，
风雨无阻地劳作在田间地头，
种出了绝佳的咖啡豆

迄今为止，我的感恩计划已经进行了五个月。在这五个月里，我总共向700人表示了感谢。此时，我终于要去往这条朝圣之路的源头——咖啡树的故乡。这是一场奇妙的哥伦比亚之旅，越接近目的地，交通方式也越接地气。

我先是乘喷气式飞机去了波哥大，波哥大机场里张贴着各式各样的胡安·帝滋[①]的形象，都是人们虚构出来的。在波哥大机场酒店，我与艾德相会，他已经在南美洲逗留一周多了，现在的他虽疲惫不堪，还患了感冒，但看起来依然精神饱满。他戴着一顶自称为《夺宝奇兵》里的印第安纳·琼

---

① 哥伦比亚的一个咖啡品牌。

斯的帽子，背着一个大包，里面装着他的旅行必备品：咖啡豆和一架小型气动压力机。说话的工夫，艾德就在酒店大厅里给我做了一杯咖啡，咖啡豆来自埃塞俄比亚，当然在大名鼎鼎的哥伦比亚竟然用埃塞俄比亚的咖啡豆做咖啡，这听起来多少有些叛国的意味。艾德解释说他仍对哥伦比亚咖啡爱得深沉，只是他想多尝试一些不同种类的咖啡，他可不想错过一些极品咖啡。

"尽管我们要去参观一个咖啡农场，但是我们可不能保证能在那儿喝到咖啡，"艾德说，"我就遇见过这种情况，置身于咖啡豆的海洋中，我却因为喝不到一滴咖啡而头疼不已。"

随后，我和艾德乘飞机赶往下一站。在飞机上，我俩下巴抵着膝盖蜷缩在一架螺旋桨飞机狭小而舒适的机舱内，坚持到了目的地——小城内瓦。一下飞机，我们就爬进了一辆货车，坐了四个小时的车去了一个更小的城镇——皮塔利托。艾德告诉我，这个小镇以两种刺激性作物闻名，咖啡是其中合法的一种。

到达皮塔利托以后，我们又坐在一辆皮卡的后斗里颠簸了大概一个半小时，终于抵达位于山顶的咖啡农场。中途一

8 那些可爱又可敬的农民

位名叫洛伦娜的女士加入我们,和我们一起踏上了征程。洛伦娜在哥伦比亚生活,在一家进口贸易公司上班。

这是一段美妙的旅程,也是一段没那么舒适的旅程。车在布满岩石的公路上颠簸着前行,我们也随着车厢一起晃动,时不时还会脱口而出一句"噢,该死"。当卡车紧贴着悬崖行驶时,我们不由自主地抓紧了卡车一侧的扶手。我看见司机右手比画了一下,可我多希望我没看见他的这个动作:他用右手画了一个十字架。

我深吸了几口气,努力使自己镇静下来,接着我闻到了一种像是轮胎烧着了的气味,又过了几分钟,香气变得逐渐浓郁,其中还夹杂着乡土气息。

"现在你可以闻到咖啡豆的味道了。"艾德说,"同时,你还能闻到粪便的味道。我们在纽约的时候,为了研究咖啡豆上了各种各样的精密设备,比如湿度测量仪和数字天平,可是这所有的一切归根结底还是取决于咖啡豆的生长环境,比如灰尘、泥土、雨水还有牛粪。"

走到一个小镇,车子停下来等红灯的时候,我们看见一个穿着紫色T恤的男人正在卖艺赚钱——骑着独轮车耍大刀。就在我们等红灯的空当,他手里的刀就掉了两次。我从包里摸出几比索给了他,心里想着,这钱说不定还要充当他手指再植手术的医药费。

接着,我们又经过一栋栋蓝色和粉色砖房,看见女人们在门廊上清扫灰尘。我们的卡车闲逛时,恰巧碰见一群小牛在过马路,我可以清楚地看见,它们走路时脖子下的肉在左右颤动。我们还看到了带刺的铁丝网、一块块墓地和盘旋在头顶的雄鹰。

艾德向我简单介绍过这座农场的背景。这是一座小农场,归瓜尼佐家族所有,这个家族里有九个兄弟和一个姐姐,过去一年里,这座农场唯一的来访者,除了我们,就是另外一个买家了。艾德同瓜尼佐家族已经合作五年,他表示他出的价格要高于市场收购价格,并且更令他骄傲的是,他们双方已经签订一份长达数年的合同,所以即使咖啡豆歉收,瓜尼佐家族得到的钱还是一分不少。其实,艾德完全可以在规模稍大点的农场里买到质量相当的更便宜的豆子,可是他更喜欢支持小农场。

"不过,我要告诉你的是,瓜尼佐兄弟都是慢热型的人,"艾德继续说道,"这一点,从我访问时和他们的合影便可知一二。我们的第一张合影里,他们兄弟几个谁都没有笑,他们的表情好像在说,'让我们好好看看,这个家伙是不是真的会给我们钱'。到第二年,他们的脸上逐渐开始出现笑容;到第三年,笑容更多了。所以我认为他们开始逐渐接受我,并对我产生了信任。"但是,艾德表示,他们的交往还是存在一定限度的:"有一次,我想跟他们来个拥抱,结果他们只从侧面抱了我一下。"

说话的工夫,车子一个向左急转弯,拐进了一条陡峭的车道,车道两侧的树木枝杈丛生,我躲了好几次,额头还是撞到了树枝上。

终于,我们到达了目的地——瓜尼佐农场。车子停在主屋前面,透过车窗向外望去,房子已经被漆成明黄色,金属波纹顶。几只母鸡正趾高气扬地散着步,一边走还一边咯咯地叫。门廊上放着一个蓝色的圆盘式卫星电视天线,房间里,有一个孩子正在看电影《马达加斯加2:逃往非洲》。

这里风景如画,抬眼望去,远处云雾缭绕的山峰若隐若现,绵延数英里,满目都是醉人的绿意。

我们刚从皮卡车的后斗跳下来,瓜尼佐兄弟就出来迎接我们了。出来的共有六人,穿着各色的牛仔裤、鞋子和足球运动衫,其他几个兄弟和姐姐外出旅行了。

艾德说的没错，瓜尼佐兄弟的感情并不十分丰富，和那个外向活泼的咖啡师忠截然不同，看来今天不用动不动就拥抱了。他们安静地向我们问好，又安静地与我们握手。

最年长的哥哥威尔玛似乎是负责人，他个头矮小、肩膀宽厚，身材略显肥胖。"各位想看一看咖啡树吗？"威尔玛用西班牙语问道。

我们跟着他走了几百码，来到一片树林。眼前的这些树差不多和我一般高，比我想象中稍微矮一些。如果不告诉我，我怎么也不会相信这就是咖啡树，因为树上完全看不到任何咖啡豆的影子。相反，树上缀满了红色、黄色的小果子，看起来很像圣女果。人们管这种小果子叫咖啡果，而给我们制作咖啡用的咖啡豆，就藏在咖啡果里面。

威尔玛在我肩膀上绑了一个黄色的桶，并告诉我说，我应该亲自体验一下摘咖啡豆的感觉。

在瓜尼佐兄弟的注视下，我摘了一颗果子，扔进桶里。当我扭着果实，想把它从树枝上拽下来的时候，我感受到了小果子些微的倔强与抵抗。我摘了一个又一个，慢慢地找到了节奏，开始进入状态，身上背的桶里，也装了厚厚一层果子。

我向威尔玛展示我的劳动成果。

谁知他却是面带歉意又不失绅士风度地笑着摇摇头。而洛伦娜,那个在进口贸易公司工作的哥伦比亚女士,则直言不讳地笑着说:"不行!不行!不行!你摘的果子没人要的。"我摘的果子没人要,那我岂不是要被开除了?

因为我摘的果子颜色不对,太绿了。真正的好果子——就是那些含糖量最高的果子——会呈一种特殊的红色,那颜色跟扭扭乐的颜色差不多。但是同一棵树上的果子成熟时间不尽相同,所以摘果子的时候要拣着摘。

在威尔玛的极力说服下,我尝了口咖啡果,味道比我想象的甜美得多。奇怪的是,如此甜美的果实里,竟然蕴含着一颗苦涩的豆子。

迄今为止,瓜尼佐兄弟们可能已经采摘成千上万甚至上百万颗果实,他们继承父业,从孩童时期就开始在这片土地上劳作。他们很勤俭,凡事亲力亲为——采摘果子、购买肥料,在收获时节才会雇用额外的人手。

"您父亲是从哪里得到这些咖啡树的?"我问。

"从他父亲那里。"威尔玛回答说。

"那你父亲的父亲呢?"

"也是从他的父亲那里。"

我问威尔玛日复一日地整日摘果子是什么感觉。

"很难,"他用西班牙语回答说,"你要忍受风吹日晒,还要经受霜打雨淋。但是它会帮你静下心来,远离喧嚣。"

"那你们经常做什么来打发时间呢?"我追问道。

"我们唱歌啊,你要是想唱的话,也可以唱。"

"我唱歌你不会想听的。"

诸位读者,让我们先将这段欢乐的对话暂停一下,容我表达一个显而易见的观点:我真是太幸运了,当我从肩上把桶取下来的时候,我的脑海里就闪过了这个念头。为了写这本书,我只是象征性地摘了 10 分钟咖啡豆体验生活。我在这里摘咖啡豆,并不是因为没有其他的工作可选,而且需要这个工作来赚钱养家糊口而不得不做,但这里成千上万的农民从事咖啡采摘却的确是为生计所迫,别无选择。我来摘咖啡豆是出于自愿而非生活所迫。

那我是如何拥有如此奢侈的选择权的呢?我只能说,因为我的运气比较好。

多年来,我一直醉心关于运气的研究,尤其是了解了一个古老的辩题——我们的生活究竟是由随机性支配,还是说我们才是自己命运的掌舵者——之后,我对运气一说便更加笃信。

当然,这是一个古老的辩题。之前,我在创作一本关于《圣经》的书的时候,就发现其实《圣经》中对这两种观点都有涉及。《旧约·箴言》一遍又一遍地提醒读者:努力工作,你便会在这一世获得回报。如果你遵守这条箴言,不懒散怠慢,自己衣食无忧自然不在话下,子孙后代也将同获荫庇、富贵荣华。自古以来,这种思想其实一直存在。不信你读一读安·兰德的小说,想一想美国梦,再了解一下清教徒的职业伦理,就能寻得蛛丝马迹。

但是,人们还有另一种看待世界的方式。《圣经》中的《传道书》被视为最具现代性和哲学意义的一卷。《传道书》中写道:"日光之下,快跑的未必能赢,力战的未必得胜,智慧的未必得粮食,明哲的未必得资财,灵巧的未必得喜悦。所临到众人的,是在乎当时的机会。"换句话说,得意切莫忘形,命运变幻无常。命运何止变幻无常,我甚至怀疑命运患有边缘型人格障碍。

现实世界无疑需要运气与能力的结合,但是我更强烈地倾向于《传道书》中所表达的观点,如果非要让我划分一下,我会觉得我的命运有 20% 是由我的坚持奋进决定的,而剩下的 80% 则是由宇宙中的机缘巧合决定的。

运气决定了我生在一个发达国家,决定了我生在一个物质条件优越,父母能供我念一所昂贵的大学的家庭,还决定了我的基因组成。那么我的职业又与运气有什么关系呢?其实,我能从事现在这份工作,完全是凭借阴差阳错的好运气。23 岁那年,我原本决定放弃写作,转而申请攻读心理学硕士。但我决定最后一次放手一搏,于是我将自己的书稿寄了出去,收件人只写着"ICM 代理人"。不知怎的,这份书稿经过一番颠沛流离,竟被送到一个猫王粉丝的文稿代理人手里。这个代理人读了我的书稿,立刻觉得我这本以猫王为主题的书稿大有可为,由此便开启了我作为一名作家的职业之路。试想,如果收到书稿的代理人是斯普林斯汀的歌迷,那我今天可能还不知道在哪个不入流的大学里教心理学呢。

我从不否定努力和坚持的重要性,那些从底层摸爬滚打上来的人,他们没有我这样得天独厚的优势,他们走到今天所需要的毅力和付出的努力都要比我多得多。其实我心里也很清楚,在某种程度上,运气与机遇也是需要我们自己创造的,但只限于在某种程度上,因为说白了我们还是需要纯粹的运气。就像巴拉克·奥巴马退休后接受大卫·莱特曼采访时说:"我不否认自己的努力,也不否认自己的那一点点天分,但世上比我努力、天资比我高的人比比皆是,为什么偏偏是我,因为世上还有机遇这一因素,或者说运气。"

我非常同意他的这个观点,这世上有多少努力进取、持之以恒的人,可他们仍在贫困线下苦苦挣扎。我相信,我们这个世界上还有很多有潜力成为梅丽尔·斯特里普的女孩,可她们还是在餐厅里做着一个普普通通的服务员。不是因为她们容貌不够出众,而是因为她们运气不够好,没有得到一个好的机会。我也相信,世上还有很多个有着史蒂夫·乔布斯般睿智头脑的人,终日忙碌在工厂的流水线上。

这就是为什么,我如此执着于运气,以至于每天都要感谢我的幸运星,因为这样做会使我们更容易原谅自己的失败,这样做会使我们减少盲目的名人崇拜,变得更加谦逊有礼。最重要的可能是,这样做会使我们拥有一颗更加仁慈的心。

这也是著名心理学家戴维·德斯蒂诺在他的著作《情绪的力量》中想要表达的观点:

最近的一项研究表明,在别人的提示下意识到自己的幸运，会使这个人变得更加慷慨。举个例子，我之前的研究助理霍月洲曾设计了一个实验，她要求受试者帮她完成一个调查，调查的内容是回忆最近发生在自己身上的一件好事。作为回报，实验结束后，她也将给每一位受试者一定的现金奖励。霍女士将受试者分为三组：第一组受试者列出让这件事情变得更好的不可控的外部因素；第二组受试者则需列出促成这一事件所需的性格特征或行为；第三组只需要对这件事发生的原因简单解释即可。研究结束后，霍女士告诉受试者，可以将自己的部分或全部奖金捐给一家慈善机构。结果，第一组人（经提示考虑外部因素的人）比第二组人（被要求考虑性格或行为的人）多捐了25%。而且第一组中，很多人都明确提到幸运，以及配偶支持、考虑周到的教师和经济援助等因素。第三组的捐赠金额大致在前两组之间。

可见，承认机遇在我们生活中扮演的重要角色，会激发我们的同情心。可是同情心就像一块肌肉，想要拥有，我就要持之以恒地努力。我生性并不是一个富有同情心的人。我要时刻提醒自己，在我人生的前面这一阶段，只要有一点阴差阳错，今天的我就变成这条咖啡产业链上的一名劳动者，而非高高在上的消费者。我必须承认自己真的很幸运,我不能怀着一种自以为是的态度,因为我不想假定自己比劳作在这个农场上的每一位农民都更加快乐。说不定,生活在云雾缭绕的山林间,整日在田间劳作,享受收获的乐趣,要比我现在的生活充实得多。但我想说的是,我真的很幸运,可以拥有这么多的选择。就像今天,我可以选择外出游览,花一整天的时间采摘咖啡果。

这听起来像是一个奇怪的悖论:我很幸运,幸运的是,运气在我的生活中起着不容小觑,但又并非举足轻重的作用。

摘完咖啡果之后,瓜尼佐兄弟们提议,带我参观一下咖啡果从树上摘下来之后要经历的旅程。我们步行几百码,来到一个小棚屋,屋里放着一台冰箱大小的机器,这是一台果肉分离机。将咖啡果倒入斜槽,咖啡豆便会在金属滚轴的挤压下与果皮和果肉分离。

被剥离出来的咖啡豆汇成了一条白色的河流,从机器的另一端潺潺流出,随后便被装到一个桶里进行发酵。经过几天的发酵,工人们便将咖啡豆放在几块筛网上摊开晾晒。

在这个过程中,需要不停地用耙子翻动,以确保豆子干燥均匀,否则,咖啡豆的口味会受到很大影响。事实上,咖啡豆的整个生产过程对外部条件的要求都十分微妙。咖啡豆的味道受多种因素的影响，如降水量、土壤类型、氮肥用量等。生长在其他树的树荫下的咖啡豆，口感会更加顺滑，甚至咖啡豆干燥过程中，咖啡豆堆积的形状对咖啡的口味都有影响。有些农民会把咖啡豆晾晒成行，有的则会堆成一个个小金字塔形的小丘。

不仅如此，咖啡树也面临诸多威胁。有一种咖啡锈病，是由一种真菌引起的，传染速度极快，经常是一棵得病染及一片。还有一些小鸟，经常在咖啡树上为非作歹，对于稻草人它们已经熟视无睹，但是听见瓜尼佐兄弟的来复枪枪声却会四散奔逃。幸存的咖啡果便被摘下来运到附近的一家工厂，这家工厂里有专门的机器，可以将咖啡豆按照颜色、大小、密度分开。

接着，瓜尼佐兄弟们又自告奋勇地带我们去山上看看。我们沿着一条小径上山，途中看到一把被扔在路上的大砍刀，又经过一个尘土飞扬的足球场，然后上了陡坡。走了大概15分钟，我们停在一块空地上略微休息，顺便谈谈他们的生意。

在这个大概是世界上最美的办公室里——鸟儿唱着婉转

8 那些可爱又可敬的农民

的歌，草叶透出浓浓的绿意，四周的羊肠小道带给我们无限的遐想——艾德与威尔玛开始讨论他们合同的相关事宜，威尔玛的兄弟们则在一旁聚精会神地听着。

我的西班牙语水平虽然只停留在初级阶段，但大概能听出个眉目。威尔玛想为每磅咖啡争取个更好的价钱，艾德却表示很不解，因为他们刚刚商定好价格，并签订了一份为期三年的合同。

虽然谈判双方既没有大声争执，也没有拍桌跳脚，但我能感觉到他们之间的气氛十分紧张。威尔玛指出咖啡豆种植需要耗费大量的精力与体力，他们不仅要摘豆子，还要清洗晾晒。艾德也不甘示弱，他表示自己的经营成本也十分巨大：纽约市高昂的租金，再加上运输和储存的费用，几乎让他入不敷出。

我就坐在他俩旁边，尴尬地听着他们的对话，不知道应该倾向于哪一边。我心里比较激进的一面告诉我，当然应该给这些农民多一些报酬，他们住在南美洲的深山里，连互联网都没有，他们从未走出过哥伦比亚，而我们却刚从纽约飞过来，手里还拿着智能手机。

但是我心里比较现实的一面又告诉我，艾德出的价钱已经比市场价高很多了。其实只要艾德愿意，他完全可以跟一个规模更大、价格更便宜、更企业化的农场合作，那里生产的豆子品质与这里的并无二致。况且比起星巴克这样全球连锁的大公司，乔咖啡不过是小打小闹。再说了，几周前艾德签的那份合同的价格，就是按照瓜尼佐兄弟建议的价格拟定的。

在我看来，艾德并不是一个垄断商人。至少几天前他跟我说起这份合同的时候，他脸上那种自豪的表情是发自内心的，他是真心觉得这是一个对农民有利的公平交易。他说这种合同是农民想要的，因为即使作物歉收，他们的收入也能得到保障。

我真的不知道应该支持谁，左右为难之际，我突然想起了几周前读的一篇文章，文中提到一杯咖啡卖三美元确实有点太贵了，甚至可以说是明抢了，但如果我们按照美国的最低工资标准来给咖啡产业链上涉及的每一个工人支付薪水，那么每杯咖啡的成本约为25美元。

艾德西班牙语讲得不错，但不是很流利，所以为了避免词不达意，向对方传递错误的信息，艾德询问他们能否稍后进行谈判，他希望有翻译在场，威尔玛和他的兄弟们则表示赞同。看起来双方似乎都有退一步的意思，并且他们心里都很肯定，事情一定会得到妥善解决（实际上，他们确实做到了，几周后，艾德和瓜尼佐兄弟的这段故事，被作为商业合作的典范，发布在一个咖啡博客上）。

下山后，我们到瓜尼佐家共进午餐。即使刚才谈判双方再针锋相对，一上餐桌也能化干戈为玉帛。

艾德舀了一大勺鸡汤，送到嘴边使劲嘬了一口。听着他惊天动地的喝汤声，我们都不约而同地侧目而视，洛伦娜的眼睛睁得大大的，眼神里写满了震惊和尴尬。

"88分！"品尝完，艾德宣布。

大家听了哄堂大笑。

"很好。"威尔玛的弟弟依米说道。

我知道这应该就是艾德跟我提过的那个笑话了，艾德曾跟我说过，他每年来这里，都会拿喝汤开玩笑。他是按咖啡的标准给汤打分的，满分是100分的话，今天这碗汤可以打88分。就大家的反应来说，这个笑话"笑"果不错。"这可是我唯一一个压箱底的笑话。"艾德说。

餐桌上，我和瓜尼佐兄弟一边吃饭一边聊天，对咖啡问题只字不提。我问他们有什么爱好。

"Fútboly bebiendo。"依米说。意思是他喜欢足球，还喜欢喝酒。

"我们没有多少空闲时间。"威尔玛接着说，"我早上5点半起床，一整天都在农场里待着。"

就像世上所有中年人一样，我们也聊到了健康，于是我们惊奇地发现，依米和我几年前都切除过阑尾。依米掀起衣服给我看他的刀疤，这条伤疤很大，像一条铁轨一样盘踞在他的肚子上。为了显示诚意，我也掀起衣服给他看了看我肚子上的伤疤。

"很好。"依米看罢说。

又一次，我感到自己很幸运，不仅因为我生在美国，这个医疗保障系统十分完善的国家，还庆幸自己有一个细心能干的妻子，她曾花了两个月的时间，在保险公司繁多冗杂的保险项目中为我们购买了最适合的保险。

▽ ▼ ▽

午餐后，我们喝了一杯咖啡，人生最惬意的事不过如此。我们坐在门廊上，喝着威尔玛的妻子用平底锅烘焙的咖啡，咖啡的味道十分香醇，可能在这个海拔高度生长的所有事物，都十分美好。

是时候说出心里的感谢了，我告诉自己。我读过的好几本关于感恩的书中都建议我：如果羞于表达，可以先写一封感谢信，然后对着想感谢的对象大声读出来。所以，早些时候，在飞机上，我就把我的想法用生涩的西班牙语大概写了下来。

于是，我拿出这张皱巴巴的活页纸，看了看瓜尼佐兄弟，开始读了起来："谢谢你。"

我用西班牙语，磕磕绊绊地继续读着："今天，我对咖啡的制作流程有了更加详细的了解，我以后再也不会如此理所当然地享用咖啡了。

"谢谢你们，你们辛辛苦苦地把咖啡豆采摘下来，洗净晾干。

"你们的辛勤付出，使我每天早晨都能如愿以偿地喝到咖啡，使我每天都倍感幸福，使我能够精神百倍地投入工作，照看孩子。

"从此刻开始，我每天早晨喝咖啡时都会想起你们。或许你们会偶尔想起生活在美国的像我这样的人，每天因为早晨的一杯咖啡而无比欢欣,或许你们会想到纽约千千万万个艺术家、建筑师、销售人员还有工程师,是你们给了他们创作的灵感。"

我读完后,一片寂静。我不知道是不是真的有蟋蟀在叫,但我确实听到一种不知名的虫儿在嗡嗡地叫。

过了几秒钟,我看到威尔玛微微地点了点头,脸上带着一丝若有若无的微笑。

"谢谢。"威尔玛说道。

我说不出他们是高兴还是若有所思,但我十分肯定他们不讨厌我的感谢信,所以,还算可以。

我们离开的时候,他们同我们握手告别,瓜尼佐兄弟邀请我们来年再来做客,并请我们在这里多玩一会,能在这里住几天就更好了。我知道自己不会再来了,但他们的好意让我心生感激。

结语

距离我的南美之行已过去一周,我现在在纽约,离哥伦比亚的那些母鸡和崖边小路足足 6000 英里之遥。

此刻,我正在乔咖啡排队,来买我每日例行的那杯咖啡,不久,我就可以尝到来自南美洲的味道了。要知道,我可是去过这些豆子的故乡。我知道这些咖啡豆可能不会记得我,甚至它们可能根本就没有意识,但我仍心怀欢喜,因为我觉得自己与这杯热乎乎的饮料之间又多了一份联系。

我端起咖啡,对着咖啡师说:"万分感谢你今天给我制作咖啡。"

"你确实应该感谢我!"他回答说。没错,这段对话已经成为我们的常规。

我也向那位负责采购杯盖和 Java 杯套的女士表示了感谢,

现在才向她表示感谢,是因为我之前从未见过她。

所以算上她,我已经感谢了964个人。与咖啡制作中需要的精准科学测量不同,我的计数并不准确。我电脑上有一个很长的名单,上面记录着我感谢过的每一个人的姓名和工作,但我不确定里面有没有重复,而且这个数量可能也含有一定的水分。我最近给巴西的一家工厂打了个电话,就是为了用葡萄牙语向它说一声"obrigado",感谢他们制造的果肉分离机。我请求工厂的楼层经理将我的谢意传达给装配线上的工人,于是,我又在总数上加了三个人。

在乔咖啡的柜台上摆着一张与乔咖啡合作的一家农场的照片。这是个不错的想法,但是我希望柜台上可以摆上一些其他的照片,比如一张卡车司机的照片、一张码头工人的照片、一张钢铁工人的照片、一张集装箱制造商的照片,或者还可以摆一张上百人的大合照。甚至还可以摆一个感谢其他咖啡店的标志,因为咖啡为成千上万个人注入动力,这里面说不定就有为我喝到咖啡做出贡献的人。

在我最后一次采访的过程中,这个观点使我震惊不已。接受采访的是明尼阿波利斯市的一个工程师,此人参与锻造的钢材常用于卡车、酿酒机等大型机械的制造,而这些机械

结　语

都与我最爱的饮品息息相关。

我在电话里采访他说："在您的生活中，您对什么心怀感激呢？"

"我很感激我肥硕的大屁股下坐着的这把椅子。"那个人说道。

我笑着问："这是一把什么样的椅子？"

"我懒得起来看。"

"完全可以理解。还有什么值得您感激的吗？"

"嗯，我挺感激咖啡的，我是说，如果你想写好你的这本书，就一定要感激咖啡，因为钢铁工人很喜欢喝咖啡。"

我很欣赏他的观点，角度新颖，层层递进，实话实说。你需要咖啡来帮你做出咖啡，换句话说，是咖啡制造了咖啡。

几周后，我的手机突然响了起来。是忠，这个世界上最友好的咖啡师，给我发来了一条短信。她已经搬到加利福尼亚，但她还是会时常发消息向我问好。

我回复道："我的儿子赞恩告诉我，我应该感谢给我做咖啡的人的父母，因为如果没有父母就没有我们。所以，请你帮我感谢一下你的父母，好吗？"

感谢完忠的父母，我感谢的人数应该已突破 1000 大关。

可能是 987 人，也可能是 1015 人，我就暂且把它当作 1000 吧，因为这个数字是一个整数，让人听起来很舒服。

忠给我回复了一大串表情和感叹号，后面加了一句："请转告赞恩，说我很感谢他，同时我也要感谢你，因为你们两个让我明白，我应该对生活心怀感激。"她说她很感激她父母作为移民为她做出的牺牲，她说我们上次谈话结束后，她就意识到感激是一门需要我们时常练习的学科，它并不是与生俱来的，即使是一个像她一样天生的乐天派，对于感恩这门课，也需要学习。

看了忠的短信，我笑得宛若她刚刚发给我的表情符号。今天，我一直都很快乐，或者至少这半天没有生过气，这让我心生感激。

不一会儿，我父母邀请我们去他们家共进晚餐，以庆祝我即将到来的生日。吃完比萨之后，儿子们手里端着纸杯蛋糕，唱着《生日快乐歌》向我走来，

这画面真的很有爱。但是我脑子里一直想着赞恩的建议，他说得对，我真的应该好好感谢我的妈妈，尤其是在今天这个特殊的日子。自古以来生日聚会从来都是祝福孩子，从来没有人感谢过妈妈，这很奇怪，聚会的重点似乎放错了对象。

我的意思是,几十年前的今天,我又在做什么呢?我仅仅是降临在这个世界上,然后就开始哇哇大哭,我哭闹着要吃东西。另外我的新生儿阿普卡评分[①]十分一般,那一天,真正的英雄是我的妈妈,她是冒着生命危险把我生下来的那个人,我的脑袋还曾将她的身体撑得扭曲变形。

"嘿!小家伙们!你们能把这首歌唱给奶奶听吗?"我对孩子们说,"我觉得我们应该感谢奶奶,孩子的生日,母亲的受难日。"

我的母亲笑着点点头,说道:"你真是太体贴了,不过你说得对,生你真的很不容易。"

▽ ▼ ▽

感恩之路纵横交错,实际上,如果你把它绘制下来,你可以把这本书中提到的所有人和世界上的任何一个人联系起来。比如,伐木工人不仅为制造咖啡杯提供木材,还为进出口公司的交易记录纸提供制作原料。我们需要橡胶制作运输

---

① 又称"阿氏评分",是一种对新生儿身体状况的标准评估方法。

咖啡的卡车轮胎,运输咖啡的卡车也会给测试水中细菌含量的科学家运送洗手液。

意大利作家伊塔洛·卡尔维诺在《看不见的城市》一书中,描绘了一幅十分美丽的场景。此时此刻,我不由得联想起那个场景。卡尔维诺创作了一个关于一座城市的寓言,在那个城市里,人们的公寓之间是用线连接起来的。这些线从这一座公寓开始,穿过街道,跨过街区,连接到另一个公寓上。每种颜色的线都代表着一种不同的关系:如果住在两个公寓里的人是血亲,那条线的颜色就是黑色的;如果住在两个公寓里的人是同事,那这条线的颜色就是白色的;如果住在两个公寓里的人是上下级关系,那么线的颜色就是灰色的。最终,公寓之间的连线日益增多,逐渐变得密不透风,以致遮天蔽日,使人们无法通行。

我想,如果我们也用丝线把世界连接起来,用来表示人们之间的感激之情,那我相信这些连线会多得像毯子一样厚,把人们紧紧包裹在一起。

致谢

日常生活中看上去理所当然的东西,其实耗费了大量的人力和物力。对于每一个贡献力量的个体,我们都要心怀感恩。

虽然有些人的贡献显而易见(比如咖啡师、农民等),有些人的贡献十分不起眼(比如为运输咖啡的卡车铺柏油路的工人),但我还是坚持一点,即世间万物都是相互联系的,所以我想尽可能地将自己的感恩大胆表达出来,而不是压抑这种情感。

我鼓励各位勇敢表达自己的感恩之情,这绝对会是你生命中最精彩的一段经历。在这段经历中,我学了很多,也体会到各种各样温暖又模糊的情感,偶尔也会因为咖啡因摄入过量而出虚汗。

感谢里基·马科维茨——优秀的研究员和咖啡爱好者。